有趣的矩阵

看得懂又好看的线性代数

马婧瑛 汪文帅◎著

北京大学出版社
PEKING UNIVERSITY PRESS

内 容 简 介

本书分别从中国古代数学思想、益智游戏、企业管理、计算机科学、博弈论等角度出发，介绍了线性代数和矩阵理论中的相关概念和理论在上述领域的应用。通过阅读本书，读者对线性代数在实际问题中的应用会有更加直观的了解，有助于激发读者对线性代数的学习兴趣和学习热情。

本书分为 8 章，涵盖的主要内容有线性方程组的计算、益智数字游戏中的矩阵、经营管理中的矩阵、矩阵与图片美化、计算机绘画中的矩阵、矩阵与密码设计、互联网中的矩阵、矩阵与博弈论。

本书内容通俗易懂、生动有趣，特别适合中学生、大学生及各年龄层的数学爱好者作为线性代数入门读物使用。另外，本书也适合作为各类大中专院校的教学参考书使用。

图书在版编目(CIP)数据

有趣的矩阵：看得懂又好看的线性代数 / 马婧瑛，汪文帅著. — 北京：北京大学出版社，2023.3
ISBN 978-7-301-33719-6

Ⅰ.①有… Ⅱ.①马… ②汪… Ⅲ.①线性代数 Ⅳ.①O151.2

中国国家版本馆CIP数据核字(2023)第022603号

书　　　　名	有趣的矩阵：看得懂又好看的线性代数
	YOUQU DE JUZHEN: KAN DE DONG YOU HAOKAN DE XIANXING DAISHU
著作责任者	马婧瑛　汪文帅　著
责 任 编 辑	王继伟
标 准 书 号	ISBN 978-7-301-33719-6
出 版 发 行	北京大学出版社
地　　　　址	北京市海淀区成府路205号　100871
网　　　　址	http://www.pup.cn　　　新浪微博：@北京大学出版社
电 子 邮 箱	编辑部 pup7@pup.cn　　总编室 zpup@pup.cn
电　　　　话	邮购部 010-62752015　发行部 010-62750672　编辑部 010-62570390
印 刷 者	大厂回族自治县彩虹印刷有限公司
经 销 者	新华书店
	787毫米×1092毫米　16开本　12.25印张　295千字
	2023年3月第1版　2024年8月第3次印刷
印　　　　数	5001-7000册
定　　　　价	69.00元

 这本书的写作目的

线性代数是大学理工类、经济管理类专业必修的数学基础课程,这门课对后续的专业课研修具有重要意义。但由于其知识体系庞大、概念抽象,给学生的学习带来不小的挑战。然而,课堂讲授多以抽象的数学概念为主,鲜少涉及这些概念在现实生活中的应用,这使学生对于线性代数的兴趣索然。本书旨在解决这一矛盾,使读者了解线性代数相关理论在现实世界中的丰富应用,从而激发读者学习线性代数的兴趣和热情。

笔者的使用体会

笔者在宁夏科技馆(宁夏青少年科技活动中心)举办的中学生科普讲座中,多次讲授本书相关内容,使中学生对数学在现实生活中的应用有了更加直观的感受,激发了中学生学习数学的兴趣和热情。另一方面,近年来笔者也将本书部分内容应用于大学本科数学课程线性代数的教学过程。课前学生通过了解线性代数在各行各业的具体应用,获得相关数学概念的直观体验。这样,学生带着兴趣、带着问题走进线性代数的课堂,使课堂学习充满了乐趣。

 这本书的特色

本书分别从中国古代数学思想、益智游戏、企业管理、计算机科学、博弈论等角度出发,介绍了线性代数和矩阵理论中的矩阵运算、线性变换、转移概率矩阵等数学概念在上述领域的应用。

这本书包括什么内容

第1章"鸡兔同笼:矩阵与线性方程组的关系",从中国古代经典数学问题鸡兔同笼入手,介绍了线性方程组及其矩阵表示、初等行变换求解线性方程组的基本方法。并进一步通过健康饮食分析介绍了线性规划问题。

第2章"数字游戏:好玩的矩阵",介绍了方阵、三角矩阵、对角矩阵等数学概念,以及中国古代经典数学游戏"九宫算",并进一步介绍了幻方矩阵、拉丁方阵、数独游戏与矩阵的关系。还给出了利用矩阵的初等行变换设计数独矩阵的方法。

第3章"经营水果店:经营管理中的矩阵",通过水果店老板阿明在生产经营活动中所遇到的一系列问题,介绍了矩阵的加法、减法、数乘、乘法、幂等矩阵基本运算。

第4章"数码照片:矩阵与PS技术",介绍了矩阵运算在数码照片的存储、美化、识别等方面的应用。特别是通过介绍人脸识别算法,对深度学习神经网络算法做了一个初步介绍。

第5章"计算机绘画:用矩阵创造艺术",通过展示计算机绘图、艺术字体等计算机操作中蕴含的数学原理,介绍了线性变换的概念。并通过制作"悸动的心"的动画,浅显地介绍了电影中的计算机特效技术背后的数学原理。

第6章"加密解密:矩阵与密码",介绍了最早的加密算法——凯撒密码,并进一步介绍了希尔密码设计、加密和解密原理。通过介绍希尔密码,介绍了模 m 逆矩阵的概念。

第7章"互联网:矩阵的世界",从两个方面介绍了互联网世界中的矩阵。首先,通过微信、微博等社交网络的结构,介绍图论中无向图、有向图、邻接矩阵等概念。然后,介绍了谷歌公司发明的搜索算法——PageRank算法和MapReduce算法背后的数学原理,展示了矩阵理论在搜索算法和并行计算中的应用。

第8章"田忌赛马:博弈论中的矩阵",通过中国古代著名的博弈故事"田忌赛马"展示了矩阵在博弈论中的应用,并进一步介绍了纳什均衡的概念、囚徒博弈模型和雪堆博弈模型。最后,分析了"久赌必输"背后的数学原理。

本书读者对象

- 对数学感兴趣的中学生
- 大学本科生
- 其他对数学有兴趣的各类人员

感谢

本书受到宁夏科技馆(宁夏青少年科技活动中心)的资助。

CONTENTS

第4章 数码照片:矩阵与PS技术   70

第 1 章

鸡兔同笼:矩阵与线性方程组的关系

你知道鸡兔同笼问题吗? 鸡兔同笼问题是记载在我国著名数学古籍《孙子算经》中的数学问题,原文是这样写的:

今有鸡兔同笼,上有三十五头,下有九十四足,问鸡兔各几何?

这句话是说,笼子里有鸡和兔子若干只,从上面数有 35 个头,从下面数有 94 只脚。请问笼中各有几只鸡,几只兔子?

现在,让我们从这个问题出发,探索一种全新的求解鸡兔同笼问题的方法吧!

列算式解鸡兔同笼问题

1.1.1 《孙子算经》中记载的解法

《孙子算经》中记载的解法是小学生常用的解题思路:列算术式,解决问题。它给出的解题过程是这样的:假设鸡是只有一只脚的"独角鸡",兔子是只有两只脚的"双脚兔",那么脚的总数应该减半。也就是说,这种情况下脚的数量应该是 $94 \div 2 = 47$(只)。

这时,每只兔子多出来一只脚,因此脚的总数减去头的总数的差就是兔子的数量,也就是说,兔子有 $47 - 35 = 12$(只)。所以,鸡的数量有 $35 - 12 = 23$(只)。

1.1.2 小学课堂上的解法

这个题目还有其他思路。在笔者上小学时,老师就给出了一个特别有喜剧性和画面感的解决思路:假设这些鸡兔是杂技团训练有素的鸡和兔子。杂技团训练员一声哨响,所有的鸡双脚着地立定不动,所有的兔子抬起前脚,两只后脚着地立定不动。这时,每只动物落在地上的脚都是两只。所以,脚的总量是头的总量的两倍,也就是 $35 \times 2 = 70$(只)。这比实际脚的总量少了 $94 - 70 = 24$(只)。这是因为每只兔子抬起两只前脚,所以兔子的数量就是 $24 \div 2 = 12$(只),鸡的数量就是 $35 - 12 = 23$(只)。

此外,还有诸如列表求解法、假设求解法等各种不同的方法。到了初中,我们开始学习用方程组求解这个题目。

 用方程的思想求解鸡兔同笼问题

1.2.1 用二元一次方程组求解鸡兔同笼问题

学习了二元一次方程组的知识后不难发现,鸡兔同笼问题可以用列方程组的方法来解决。设鸡有 x 只,兔子有 y 只,则鸡兔共有头 $(x + y)$ 只,脚 $(2x + 4y)$ 只,所以题目中的信息"上有三十五头"可表示为 $x + y = 35$,"下有九十四足"可表示为 $2x + 4y = 94$。这样,我们就可以得到一个二元一次方程组:

$$\begin{cases} x + y = 35 \\ 2x + 4y = 94 \end{cases}$$

怎么解这个方程组呢? 其实,列算式的方法和解方程组的步骤是一致的。表1.1中对《孙子算经》记载的解题方法和解方程组的步骤进行了比较。

表1.1　《孙子算经》列算式方法和解方程组方法的比较

《孙子算经》列算式的步骤	解方程组的步骤
第一步,假设鸡是只有一只脚的"独角鸡",兔子是只有两只脚的"双脚兔"	
那么此时脚的数量 $94 \div 2 = 47$(只)	把第二个方程 $2x + 4y = 94$ 两边同时除以2(或乘1/2):$(2x + 4y) \div 2 = 94 \div 2$,得到方程 $x + 2y = 47$,这个方程的含义是上述假设下脚的数量,于是得到新的方程组 $\begin{cases} x + y = 35 \\ x + 2y = 47 \end{cases}$
第二步,在这种假设下,每只兔子多出来一只脚,因此脚比头多出的数量就是兔子的数量	
兔子的数量 $47 - 35 = 12$(只)	方程 $x + 2y = 47$ 减去方程 $x + y = 35$:$(x + 2y) - (x + y) = 47 - 35$,这个方程的含义是兔子的数量,于是得到新的方程组 $\begin{cases} x + y = 35 \\ y = 12 \end{cases}$
第三步,总量减去兔子的数量就是鸡的数量	
鸡的数量 $35 - 12 = 23$(只)	方程 $x + y = 35$ 减去方程 $y = 12$:$(x + y) - y = 35 - 12$,这个方程的含义是鸡的数量,最后就得到了方程组的解 $\begin{cases} x = 23 \\ y = 12 \end{cases}$

1.2.2　解方程组的方法更程序化

如果仔细观察,不难发现以下信息。

(1)解方程组更加模式化、程序化。

虽然为了比较《孙子算经》列算式方法与解方程组方法的异同,表1.1列出了解方程组的每一个步骤对应的数学意义,但其实解方程组是不需要解释每一个步骤有什么具体意义的,而列算式则需要解释清楚这个式子的具体意义。

(2)解方程组就是不断地把方程进行以下等价变换。

①把一个方程两边同时乘(除以)同一个不等于0的数。例如,方程 $2x + 4y = 94$ 两边同时乘1/2(或除以2):$\frac{1}{2}(2x + 4y) = \frac{1}{2} \times 94$。

②把两个方程两边相加(减)。例如,方程 $x + 2y = 47$ 减去方程 $x + y = 35$:$(x + 2y) - (x + y) = 47 - 35$。

之所以这样的变换称为"等价变换",是因为对等式进行上述这样的运算,不会改变方程组的解。

(3)经过一系列等价变换,当原方程组被简化为 $\begin{cases} x = 数 \\ y = 数 \end{cases}$ 的形式,就得到了方程组的解。

1.2.3 什么是线性方程组

为了研究现实问题,人们常常会建立和 $2x + 4y = 94, x + y = 35$ 类似的方程,比如 $3x - 2y + z = \frac{\pi}{2}, 2a + 3b - c + d = -19, m + n - v = 2$ 等。这类方程都具有

$$\text{数} \times \text{未知数} + \text{数} \times \text{未知数} + \text{数} \times \text{未知数} + \cdots + \text{数} \times \text{未知数} = \text{数} \tag{1.1}$$

的结构。我们称这样的方程为线性方程,并称若干个线性方程组成的方程组为线性方程组。

有些问题包含很多个未知数,为了方便表示,人们喜欢用一个字母加一个数字下标表示这些未知数。例如,人们常用 $x_1, x_2, x_3, \cdots, x_n$ 表示一组未知数,于是方程(1.1)就具有

$$\text{数} \times x_1 + \text{数} \times x_2 + \text{数} \times x_3 + \cdots + \text{数} \times x_n = \text{数}$$

的结构。

很多生活中的问题都可以用线性方程组表示。比如,下面这个例子。

例1.1 蛋糕店老板小刚需要购买奶油、牛奶和面粉制作蛋糕。已知奶油一盒30元,牛奶一盒10元,面粉一袋30元,小刚购买这些原材料共花费400元,其中牛奶和奶油共16盒,花费280元。三种原材料小刚各采购了多少呢?

这个问题很简单,我们设小刚采购奶油 x_1 盒,牛奶 x_2 盒,面粉 x_3 袋。根据条件可以得到以下三个线性方程。

(1)根据每种原材料的单价和总花费,得到 $30x_1 + 10x_2 + 30x_3 = 400$。

(2)根据牛奶和奶油的单价和花费,得到 $30x_1 + 10x_2 = 280$。

(3)根据牛奶和奶油的总数量,得到 $x_1 + x_2 = 16$。

这三个方程组成线性方程组:

$$\begin{cases} 30x_1 & +10x_2 & +30x_3 & = 400 \\ 30x_1 & +10x_2 & & = 280 \\ x_1 & + x_2 & & = 16 \end{cases}$$

你还能从生活中找到一些可以用线性方程组表示的问题吗?

1.3 用数的表格——"矩阵"表示线性方程组

1.3.1 用数字表格简化表示线性方程组

如果统一用"数 $\times x +$ 数 $\times y =$ 数"的格式书写一个二元一次线性方程组,就可以省略方程中的 $x, y, +$ 和 $=$,用数字表格的形式表示二元一次线性方程组。以鸡兔同笼问题对应的方程组

$$\begin{cases} x + y = 35 \\ 2x + 4y = 94 \end{cases}$$ 为例，表1.2表示了这个方程组。

表1.2　用表格表示方程组

方程	系数		
	x的系数	y的系数	等号右边的数
第一个方程	1	1	35
第二个方程	2	4	94

现在，我们约定所有像

$$\begin{cases} 数 \times x + 数 \times y = 数 \\ 数 \times x + 数 \times y = 数 \end{cases} \tag{1.2}$$

这样形式的二元一次线性方程组，都用下面的数字表格表示：

x的系数　　　y的系数　　　等号右边的数
↓　　　　　　↓　　　　　　↓

$$\begin{matrix} 方程1 \to \\ 方程2 \to \end{matrix} \begin{bmatrix} 数 & 数 & 数 \\ 数 & 数 & 数 \end{bmatrix}$$

那么，表1.2就可以简化为 $\begin{bmatrix} 1 & 1 & 35 \\ 2 & 4 & 94 \end{bmatrix}$。这个数字表格的前两列是方程组中未知数的系数，第三列是方程组中等号右边的常数。类似地，前面提到的例1.1中的方程组

$$\begin{cases} 30x_1 + 10x_2 + 30x_3 = 400 \\ 30x_1 + 10x_2 = 280 \\ x_1 + x_2 = 16 \end{cases}$$

就可以简化表示为

x_1的系数　x_2的系数　x_3的系数　等号右边的数
↓　　　　↓　　　　↓　　　　↓

$$\begin{matrix} 方程1 \to \\ 方程2 \to \\ 方程3 \to \end{matrix} \begin{bmatrix} 30 & 10 & 30 & 400 \\ 30 & 10 & 0 & 280 \\ 1 & 1 & 0 & 16 \end{bmatrix}$$

1.3.2　一种新的数学符号——矩阵诞生了！

在数学的发展历史中，当一个新的符号被创造出来后，如果人们发现这个符号的确很省事，就会非常愉快地使用这个新的符号。你看，用数字表格 $\begin{bmatrix} 数 & 数 & 数 \\ 数 & 数 & 数 \end{bmatrix}$ 的形式表示方程组(1.2)是不是很简洁？所以，大家都开始使用数字表格来表示一个线性方程组。并且，还给这样的数字表格起了名字。

这种数字表格被称为矩阵(Matrix),表格中的行被称为矩阵的行(Row),表格中的列被称为矩阵的列(Column)。矩阵 $\begin{bmatrix} 1 & 1 & 35 \\ 2 & 4 & 94 \end{bmatrix}$ 有2行、3列,我们就说它是一个2行3列的矩阵(又称为 2×3 矩阵)。读到这里,对于矩阵你已经了解了下面两点。

(1)一个 n 行 m 列的数字表格叫作一个 n 行 m 列的矩阵(又称为 $n \times m$ 矩阵)。

(2)一个由 m 个 n 元一次方程组成的线性方程组

$$\begin{cases} a_{11}x_1 + a_{12}x_2 + \cdots + a_{1n}x_n = b_1 \\ a_{21}x_1 + a_{22}x_2 + \cdots + a_{2n}x_n = b_2 \\ \cdots \\ a_{m1}x_1 + a_{m2}x_2 + \cdots + a_{mn}x_n = b_m \end{cases}$$

可表示为图1.1所示的 m 行 $(n+1)$ 列的矩阵,我们把这个矩阵叫作线性方程组的增广矩阵。

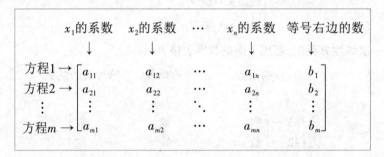

图1.1　m 个 n 元一次方程组成的线性方程组的增广矩阵

线性方程组的增广矩阵由两部分组成:前 n 列是方程组中未知数的系数,最后一列是方程组中等号右边的常数。有时候,数学家还会把这个矩阵分解成下面两个矩阵:表示方程组中未知数的系数矩阵 $\begin{bmatrix} a_{11} & a_{12} & \cdots & a_{1n} \\ a_{21} & a_{22} & \cdots & a_{2n} \\ \vdots & \vdots & \ddots & \vdots \\ a_{m1} & a_{m2} & \cdots & a_{mn} \end{bmatrix}$ 和方程组中等号右边的常数矩阵 $\begin{bmatrix} b_1 \\ b_2 \\ \vdots \\ b_m \end{bmatrix}$。

矩阵这个新的符号出现后,所有表格形式的数字都可以用矩阵表示。比如,记录你几年内身体变化的数据可以组成一个矩阵:

$$\begin{array}{ccc} \text{你的年龄} & \text{你的体重} & \text{你的身高} \\ \downarrow & \downarrow & \downarrow \\ \end{array}$$
$$\begin{bmatrix} 数 & 数 & 数 \\ \cdots & \cdots & \cdots \end{bmatrix}$$

再比如,你一个学年两个学期的各科期末考试成绩也可以组成一个矩阵,请你试着写一写吧!

1.4 用矩阵方法求解线性方程组

1.4.1 用矩阵表示线性方程组的解题过程

学会了用矩阵表示线性方程组,我们可以进一步用矩阵表示方程组的解题过程。以鸡兔同笼问题对应的方程组 $\begin{cases} x + y = 35 \\ 2x + 4y = 94 \end{cases}$ 为例,表1.3用矩阵表示了这个方程组的解题过程。

表1.3 用矩阵表示方程组的解题过程

解方程组的过程	用矩阵表示方程组的解题过程
原方程组 $\begin{cases} x + y = 35 \\ 2x + 4y = 94 \end{cases}$	方程组的增广矩阵 $\begin{bmatrix} 1 & 1 & 35 \\ 2 & 4 & 94 \end{bmatrix}$
方程组 $\begin{cases} x + y = 35 \\ 2x + 4y = 94 \end{cases}$ 的第二个方程两边同时乘1/2: $\frac{1}{2} \times (2x + 4y) = \frac{1}{2} \times 94$, 得到新的方程组 $\begin{cases} x + y = 35 \\ x + 2y = 47 \end{cases}$	$\begin{bmatrix} 1 & 1 & 35 \\ 2 & 4 & 94 \end{bmatrix}$ 的第二行每个数字乘 1/2: $\begin{bmatrix} 1 & 1 & 35 \\ \frac{1}{2} \times 2 & \frac{1}{2} \times 4 & \frac{1}{2} \times 94 \end{bmatrix}$, 得到新的矩阵 $\begin{bmatrix} 1 & 1 & 35 \\ 1 & 2 & 47 \end{bmatrix}$
方程组 $\begin{cases} x + y = 35 \\ x + 2y = 47 \end{cases}$ 的第二个方程减去第一个方程: $(x + 2y) - (x + y) = 47 - 35$, 得到新的方程组 $\begin{cases} x + y = 35 \\ y = 12 \end{cases}$	$\begin{bmatrix} 1 & 1 & 35 \\ 1 & 2 & 47 \end{bmatrix}$ 的第二行数字减去第一行对应位置的数字: $\begin{bmatrix} 1 & 1 & 35 \\ 1-1 & 2-1 & 47-35 \end{bmatrix}$, 得到新的矩阵 $\begin{bmatrix} 1 & 1 & 35 \\ 0 & 1 & 12 \end{bmatrix}$
方程组 $\begin{cases} x + y = 35 \\ y = 12 \end{cases}$ 的第一个方程减去第二个方程: $(x + y) - y = 35 - 12$, 得到新的方程组 $\begin{cases} x = 23 \\ y = 12 \end{cases}$	$\begin{bmatrix} 1 & 1 & 35 \\ 0 & 1 & 12 \end{bmatrix}$ 的第一个行数字减去第二行对应位置的数字: $\begin{bmatrix} 1 & 1-1 & 35-12 \\ 0 & 1 & 12 \end{bmatrix}$, 得到新的矩阵 $\begin{bmatrix} 1 & 0 & 23 \\ 0 & 1 & 12 \end{bmatrix}$

1.4.2 矩阵的一种运算——初等行变换

从表1.3中我们发现,方程组 $\begin{cases} 数 \times x + 数 \times y = 数 \\ 数 \times x + 数 \times y = 数 \end{cases}$ 的解题过程可表示为

$$\begin{bmatrix} 数 & 数 & 数 \\ 数 & 数 & 数 \end{bmatrix} \xrightarrow{\text{若干次的初等行变换}} \begin{bmatrix} 1 & 0 & 数 \\ 0 & 1 & 数 \end{bmatrix}$$

的矩阵变换过程。这里"行变换"又称为初等行变换,它分为以下三种变换。

1. 对某一行加上另一行的倍数(简称倍加变换)

具体操作是把某一行的每一个数字换成它本身与另一行对应位置的数字的给定倍数的和。例如,把 $\begin{bmatrix} 1 & 1 & 35 \\ 1 & 2 & 47 \end{bmatrix}$ 的第二行数字加上第一行对应位置的数字的-1倍:

$$\begin{bmatrix} 1 & 1 & 35 \\ 1 & 2 & 47 \end{bmatrix} \xrightarrow{\text{第二行加上第一行的 -1倍}} \begin{bmatrix} 1 & 1 & 35 \\ 0 & 1 & 12 \end{bmatrix}$$

就是一个倍加变换。

2. 对某一行乘一个非零的数(简称倍乘变换)

具体操作是把某一行的所有数字乘同一个非零数。例如,把 $\begin{bmatrix} 1 & 1 & 35 \\ 2 & 4 & 94 \end{bmatrix}$ 的第二行每个数字乘 1/2:

$$\begin{bmatrix} 1 & 1 & 35 \\ 2 & 4 & 94 \end{bmatrix} \xrightarrow{\text{第二行倍乘1/2}} \begin{bmatrix} 1 & 1 & 35 \\ 1 & 2 & 47 \end{bmatrix}$$

就是一个倍乘变换。

3. 对换变换

具体操作是把某两行交换位置。例如, $\begin{bmatrix} 1 & 1 & 35 \\ 1 & 2 & 47 \end{bmatrix} \xrightarrow{\text{第一行和第二行交换位置}} \begin{bmatrix} 1 & 2 & 47 \\ 1 & 1 & 35 \end{bmatrix}$ 就是一个对换变换。

1.4.3 矩阵的初等行变换与方程组的等价变换

用矩阵的初等行变换的方法求解二元一次线性方程组 $\begin{cases} 数 \times x + 数 \times y = 数 \\ 数 \times x + 数 \times y = 数 \end{cases}$,当矩阵变成 $\begin{bmatrix} 1 & 0 & 数 \\ 0 & 1 & 数 \end{bmatrix}$ 时,这个矩阵的第三列就是方程组的解。你可能疑惑,为什么呢? 原因有二。

(1)初等行变换对应的是方程组的等价变换。我们把初等行变换和对应的方程组变化用表1.4表示,然后就会发现,前两种初等行变换和方程组的等价变换是对应的,而第三种初等行变换,对应到方程组上只是交换了方程组中两个方程的排列次序。因此,用矩阵初等行变换求解方程组,其本质只是把方程组的等价变换用矩阵记录下来。也就是说,初等行变换前后的两个矩阵对应的方程组的解是一样的。

(2)最终得到的矩阵 $\begin{bmatrix} 1 & 0 & 数 \\ 0 & 1 & 数 \end{bmatrix}$ 对应的方程组是 $\begin{cases} x = 数 \\ y = 数 \end{cases}$。

表1.4 初等行变换与方程组的等价变换的比较

初等行变换的名称	初等行变换的具体操作	对应的方程组的等价变换
倍加变换	把某一行的每一个数字换成它本身与另一行对应位置的数字的给定倍数的和	先把某一个方程的两边乘同一个数,再把变换后的方程的两边分别加到另一个方程的两边

初等行变换的名称	初等行变换的具体操作	对应的方程组的等价变换
倍乘变换	把某一行的所有数字乘同一个非零数	方程两边同时乘一个非零数
对换变换	把某两行交换位置	方程组中某两个方程交换位置

理解了初等行变换其实是把解方程组的过程简化记录下来，让我们试着用初等行变换的方式求解例 1.1 吧！你可以先不看下文，自己拿一张演算纸试试看。记住，最终要通过三种初等行变换把矩

阵变为 $\begin{bmatrix} 1 & 0 & 0 & 数 \\ 0 & 1 & 0 & 数 \\ 0 & 0 & 1 & 数 \end{bmatrix}$ 的形式。

一个可能的计算过程是这样的：

$$\begin{bmatrix} 30 & 10 & 30 & 400 \\ 30 & 10 & 0 & 280 \\ 1 & 1 & 0 & 16 \end{bmatrix} \xrightarrow{\text{第一行减去第二行}} \begin{bmatrix} 0 & 0 & 30 & 120 \\ 30 & 10 & 0 & 280 \\ 1 & 1 & 0 & 16 \end{bmatrix} \xrightarrow{\text{第一行除以30}} \begin{bmatrix} 0 & 0 & 1 & 4 \\ 30 & 10 & 0 & 280 \\ 1 & 1 & 0 & 16 \end{bmatrix}$$

$$\xrightarrow{\text{第一行和第三行交换}} \begin{bmatrix} 1 & 1 & 0 & 16 \\ 30 & 10 & 0 & 280 \\ 0 & 0 & 1 & 4 \end{bmatrix} \xrightarrow{\text{第二行减去第一行的30倍}} \begin{bmatrix} 1 & 1 & 0 & 16 \\ 0 & -20 & 0 & -200 \\ 0 & 0 & 1 & 4 \end{bmatrix}$$

$$\xrightarrow{\text{第二行除以 -20}} \begin{bmatrix} 1 & 1 & 0 & 16 \\ 0 & 1 & 0 & 10 \\ 0 & 0 & 1 & 4 \end{bmatrix} \xrightarrow{\text{第一行减去第二行}} \begin{bmatrix} 1 & 0 & 0 & 6 \\ 0 & 1 & 0 & 10 \\ 0 & 0 & 1 & 4 \end{bmatrix}$$

因为变换的最后一个矩阵是 $\begin{bmatrix} 1 & 0 & 0 & 6 \\ 0 & 1 & 0 & 10 \\ 0 & 0 & 1 & 4 \end{bmatrix}$，所以蛋糕店老板共采购了 6 盒奶油、10 盒牛奶、4 袋面粉。答案是不是正确呢？我们把上述所得结果代入原方程组验证一下，发现完全正确！

现在，请你对比一下你写的变换过程和本书中所给出的变换过程。你也许会发现，两个计算结果一样，但是计算过程怎么不一样？

不用惊讶，就像解同一个方程组的方法不止一个，用矩阵的初等行变换求解方程组的过程也是多种多样的。但各种方法总是殊途同归的，也就是说，过程虽然不同，但方程组的解总是一样的。

1.5 用矩阵解决升级版鸡兔同笼问题

1.5.1 升级版鸡兔同笼问题——兽禽问题

读到这里，你已经走了很远，现在请你回头再看本章开篇提出的鸡兔同笼问题。也许你还是觉

得,用列方程组的方法求解鸡兔同笼问题是简单问题复杂化,杀鸡焉用牛刀呢?那就让我们再来看看《孙子算经》中记载的另一个和鸡兔同笼类似的问题——兽禽问题。

例1.2 今有兽,六首四足;禽,四首二足,上有七十六首,下有四十六足。问:禽、兽各几何?

这个题是说,有一种长着六个头、四只脚的神兽和一种长着四个头、两只脚的神鸟。现在,有这种神兽和神鸟若干只,它们一共有76个头、46只脚。请问神兽和神鸟各有多少只?

与鸡兔同笼问题相比,这个题目难度增加了。因为不管是神兽还是神鸟,都长着多个头、多只脚。如果用小学数学的知识求解,很烧脑啊!不过,现在我们已经学习了怎样用方程组、矩阵的初等变换解决这类问题了,让我们牛刀小试一下吧!

设兽有 x 只,禽有 y 只,则可以得到方程组:

$$\begin{cases} 头的总量:6x + 4y = 76 \\ 脚的总量:4x + 2y = 46 \end{cases}$$

这个方程组表示为矩阵 $\begin{bmatrix} 6 & 4 & 76 \\ 4 & 2 & 46 \end{bmatrix}$。方程组的解题过程可以表示为

$$\begin{bmatrix} 6 & 4 & 76 \\ 4 & 2 & 46 \end{bmatrix} \xrightarrow{第一行乘1/2} \begin{bmatrix} 3 & 2 & 38 \\ 4 & 2 & 46 \end{bmatrix} \xrightarrow{第二行减第一行} \begin{bmatrix} 3 & 2 & 38 \\ 1 & 0 & 8 \end{bmatrix} \xrightarrow{第一行和第二行交换位置} \begin{bmatrix} 1 & 0 & 8 \\ 3 & 2 & 38 \end{bmatrix}$$

$$\xrightarrow{第二行减去第一行的3倍} \begin{bmatrix} 1 & 0 & 8 \\ 0 & 2 & 14 \end{bmatrix} \xrightarrow{第二行乘1/2} \begin{bmatrix} 1 & 0 & 8 \\ 0 & 1 & 7 \end{bmatrix}$$

将矩阵 $\begin{bmatrix} 1 & 0 & 8 \\ 0 & 1 & 7 \end{bmatrix}$ 还原为方程组 $\begin{cases} x = 8 \\ y = 7 \end{cases}$,我们就得到:兽有8只,禽有7只。接下来,请你把这个答案代入原方程组,验证一下这个答案是否正确吧!

1.5.2 更难的问题——王婆卖瓜问题

现在,让我们来设想这样一个场景:你穿越到了古代,成了私塾里的学生。你的数学课本正好就是《孙子算经》,这天老师上课提到了鸡兔同笼问题。你用矩阵初等变换的方法"秒杀"了同学和老师,得到数学学霸的称号。班上的另一个学霸很不服气,于是给你出了一道"王婆卖瓜"题。

例1.3 卖瓜者王氏,颇自诩。小瓜只六文,中瓜只八文,大瓜只十文。李兄买瓜共耗钱八十文,得十瓜。问:大瓜几许?中瓜几许?小瓜几许?

这个题目的意思是说,王婆卖瓜,自卖自夸。其中,小瓜6文一个,中瓜8文一个,大瓜10文一个。李兄花了80文买了10个瓜。请问他分别买了小、中、大瓜各几个?

听了这个题,你肯定说这还简单!设小瓜 x 个,中瓜 y 个,大瓜 z 个,则可以得到方程组:

$$\begin{cases} 6x + 8y + 10z = 80 \\ x + y + z = 10 \end{cases}$$

怎么求解呢?你一定有些困惑,方程组有两个方程,每个方程却包含3个未知数啊!未知数的数量比方程的数量多,这可怎么办?别慌,我们还是用前面学习的方法,先把方程组用矩阵的初等行变换的方法求解一下试试:

$$\begin{bmatrix} 6 & 8 & 10 & 80 \\ 1 & 1 & 1 & 10 \end{bmatrix} \xrightarrow{\text{第一行和第二行交换位置}} \begin{bmatrix} 1 & 1 & 1 & 10 \\ 6 & 8 & 10 & 80 \end{bmatrix} \xrightarrow{\text{第二行减去第一行的6倍}} \begin{bmatrix} 1 & 1 & 1 & 10 \\ 0 & 2 & 4 & 20 \end{bmatrix}$$

$$\xrightarrow{\text{第二行除以2}} \begin{bmatrix} 1 & 1 & 1 & 10 \\ 0 & 1 & 2 & 10 \end{bmatrix} \xrightarrow{\text{第一行减去第二行}} \begin{bmatrix} 1 & 0 & -1 & 0 \\ 0 & 1 & 2 & 10 \end{bmatrix}$$

做到这里,我们和鸡兔同笼问题的最终结果 $\begin{bmatrix} 1 & 0 & 23 \\ 0 & 1 & 12 \end{bmatrix}$ 比较一下。你会发现,既有相似之处,又有不同之处。相似之处是,矩阵的前两列都是 $\begin{bmatrix} 1 & 0 \\ 0 & 1 \end{bmatrix}$。不同之处是,这个题目有四列。这是因为这个题目有 3 个未知数,我们按照矩阵和方程组的对应关系,把矩阵 $\begin{bmatrix} 1 & 0 & -1 & 0 \\ 0 & 1 & 2 & 10 \end{bmatrix}$ 还原成方程组 $\begin{cases} x - z = 0 \\ y + 2z = 10 \end{cases}$。不难发现,$x$ 和 y 都可以表示成 z 的表达式:

$$\begin{cases} x = z \\ y = -2z + 10 \end{cases}$$

这时,我们再回头看题目的条件,李兄共得十瓜。于是,我们知道 x, y, z 的取值一定是 $0\sim10$ 以内的整数。用一一列举的方法,我们很快得到这个问题有表 1.5 中所列的六个解。

表 1.5　例 1.3 的六个解

方程组的解	每种瓜的数量		
	小瓜 x 个	中瓜 y 个	大瓜 z 个
第一个解	0	10	0
第二个解	1	8	1
第三个解	2	6	2
第四个解	3	4	3
第五个解	4	2	4
第六个解	5	0	5

现在,你可以自信地告诉那位同学,李兄有表 1.5 所列的六种买瓜组合。你还可以问他,李兄买瓜何用?

如果李兄要和他的 4 个兄弟平分这 10 个瓜,那么自然是选择第一个解或第六个解更好,也就是买 10 个中瓜或买 5 个大瓜、5 个小瓜,因为这样兄弟五个人分瓜才可以分得最公平。

但如果李兄是餐厅老板,买瓜做果盘,那问题就复杂了。他要考虑六种选择中,哪一种选择最后能切出来最多的瓜瓢。

1.5.3　王婆卖瓜问题的思考——出现多个解时,怎么选择?

现在,让我们脱离"王婆卖瓜"这个实际问题来观察方程组 $\begin{cases} 6x + 8y + 10z = 80 \\ x + y + z = 10 \end{cases}$。换句话说,方程

组中的未知数 x, y, z 并不表示瓜的数量。这时,它们的取值范围就从 0~10 以内的整数扩大到所有实数。我们让 z 取所有实数,代入方程组的解 $\begin{cases} x = & z \\ y = -2z + 10 \end{cases}$,就得到方程组有无穷多个解。

根据前面的分析我们知道,z 是自由取值的,而 x 和 y 的取值由 z 决定:

$$\begin{cases} x = & z \\ y = -2z + 10 \end{cases}$$

因此,我们把 z 称为自由变量,把 x 和 y 称为基本变量。

这里需要注意的是,y 作自由变量(取值自由选择)也可以。只需要对 $\begin{cases} x = & z \\ y = -2z + 10 \end{cases}$ 做一个简单的等价变换,把它变成方程组

$$\begin{cases} x = -y/2 + 5 \\ z = -y/2 + 5 \end{cases}$$

你就会发现,x 和 z 的取值由 y 决定,而 y 是可以自由取值的。

通过例 1.3,我们发现以下信息。

(1)当方程组中方程的数量小于未知数的数量时,方程组往往有无穷多个解。即使结合实际问题对未知数取值范围进行限制,也可能还有很多个解。

(2)当一个方程组有无穷多个解时,只要方程组对应的矩阵是给定的,那么未知数中自由变量的数量就给定了。但哪些未知数是自由变量,哪些未知数是基本变量,就不是固定的了。

实际上,不止鸡兔同笼问题、王婆卖瓜问题,很多实际问题都可以用方程组描述。而且,常常出现未知数的数量大于方程的数量的情况。这就导致方程组有不止一个解,甚至可能有无数个解,而这也就意味着存在多个解决问题的方案,此时我们就需要从众多的解决方案中作出选择。那么,怎么选择呢?

"王婆卖瓜"的例子给我们的启发是:要遵循实事求是的原则去选择,也就是说,具体问题具体分析。

1.6 怎么吃最健康——定制健康食谱

随着健康生活的理念越来越深入人心,人们开始关注健康饮食。很多成功人士,特别是明星,都有专属的营养师指导他们的膳食。一些能够计算食物营养素、定制健康食谱的健康饮食 App 也非常热门。其实,只要会解线性方程组,你也可以为自己定制专属的健康食谱。我们来看这样一个例子。

1.6.1 定制食谱第一步:确定摄入量

小丽是一名计算机工程师,她最近正在健身。健身教练根据小丽的健身计划,建议小丽每日三餐的营养摄入量遵照表1.6。

表1.6 小丽每日三餐的营养摄入量

三餐	营养素摄入		
	蛋白质/克	脂肪/克	碳水化合物/克
早餐	20	15	60
午餐	20	15	60
晚餐	10	10	35

教练还建议小丽食用一些适合健身减肥的食物,并为小丽制作了这些食物每100克所含的营养素表(表1.7)。

表1.7 每100克食物所含的营养素

食物	营养素		
	蛋白质/(克/100克)	脂肪/(克/100克)	碳水化合物/(克/100克)
牛奶	3.3	3.6	4.9
全麦面包	12.3	3.55	43.1
鸡胸肉	24.6	1.9	0.6
牛肉	21.3	2.5	1.3
米饭	2.6	0.3	25.9
红薯	1.43	0	18.29
牛油果	2	15.3	7.4
苹果	0.4	0.2	13.7
胡萝卜	1	0.2	8.1
黄瓜	0.8	0.2	2.9
鸡蛋	13.1	8.6	2.4
橄榄油	0	100	0

1.6.2 定制食谱第二步:选定食物,建立线性方程组

小丽要怎么定制专属健康食谱呢?首先,她需要选择某一餐想吃的食物清单。比如,周一的早餐,小丽想吃牛奶、全麦面包、鸡蛋和苹果。

接下来,就可以建立一个线性方程组了。设周一早餐,小丽食用牛奶 x_1 克,全麦面包 x_2 克,鸡蛋 x_3 克,苹果 x_4 克。

根据表1.7,我们知道1克牛奶含有 3.3/100 = 0.033 克蛋白质,1克全麦面包含0.123克蛋白质,1克鸡蛋含0.131克蛋白质,1克苹果含0.004克蛋白质。而根据表1.6,小丽早餐共需要摄入20克蛋白质。所以,我们就得到关于蛋白质摄入量的方程:

$$0.033x_1 + 0.123x_2 + 0.131x_3 + 0.004x_4 = 20$$

类似地,我们可以列出关于脂肪摄入量的方程:

$$0.036x_1 + 0.0355x_2 + 0.086x_3 + 0.002x_4 = 15$$

和关于碳水化合物摄入量的方程:

$$0.049x_1 + 0.431x_2 + 0.024x_3 + 0.137x_4 = 60$$

于是,我们就得到这三个方程组成的方程组:

$$\begin{cases} 0.033x_1 + 0.123x_2 + 0.131x_3 + 0.004x_4 = 20 \\ 0.036x_1 + 0.0355x_2 + 0.086x_3 + 0.002x_4 = 15 \\ 0.049x_1 + 0.431x_2 + 0.024x_3 + 0.137x_4 = 60 \end{cases}$$

1.6.3　定制食谱第三步:求解线性方程组

这个方程组由3个包含4个未知数的方程组成。经验告诉小丽,这个方程组应该有很多个解。她先写出这个方程组对应的矩阵:

$$\begin{bmatrix} 0.033 & 0.123 & 0.131 & 0.004 & 20 \\ 0.036 & 0.0355 & 0.086 & 0.002 & 15 \\ 0.049 & 0.431 & 0.024 & 0.137 & 60 \end{bmatrix}$$

然后利用矩阵的初等行变换,就可以求解方程组。很显然,求解这个方程组的计算量比前面的鸡兔同笼问题、王婆卖瓜问题都大,因为矩阵的前四列都是小数。

但是,我们也发现,除了计算量大一些,这个问题本质上和王婆卖瓜问题没有什么区别。小丽大学时学过线性代数,所以她非常熟练地按照以下步骤解题(精确到小数点后四位)。

(1)把第一行除以0.033,

$$\begin{bmatrix} 1 & 3.7273 & 3.9697 & 0.1212 & 606.0606 \\ 0.036 & 0.0355 & 0.086 & 0.002 & 15 \\ 0.049 & 0.431 & 0.024 & 0.137 & 60 \end{bmatrix}$$

(2)对得到的新矩阵,把第二行减去第一行的0.036倍,把第三行减去第一行的0.049倍,

$$\begin{bmatrix} 1 & 3.7273 & 3.9697 & 0.1212 & 606.0606 \\ 0 & -0.0987 & -0.0569 & -0.0024 & -6.8182 \\ 0 & 0.2484 & -0.1705 & 0.1311 & 30.3030 \end{bmatrix}$$

(3)对得到的新矩阵,把第二行除以 -0.0987,

$$\begin{bmatrix} 1 & 3.7273 & 3.9697 & 0.1212 & 606.0606 \\ 0 & 1 & 0.5765 & 0.0243 & 69.0800 \\ 0 & 0.2484 & -0.1705 & 0.1311 & 30.3030 \end{bmatrix}$$

（4）对得到的新矩阵,把第三行减去第二行的0.2484倍,

$$\begin{bmatrix} 1 & 3.7273 & 3.9697 & 0.1212 & 606.0606 \\ 0 & 1 & 0.5765 & 0.0243 & 69.0800 \\ 0 & 0 & -0.3137 & 0.1251 & 13.1435 \end{bmatrix}$$

（5）对得到的新矩阵,把第三行除以−0.3137,

$$\begin{bmatrix} 1 & 3.7273 & 3.9697 & 0.1212 & 606.0606 \\ 0 & 1 & 0.5765 & 0.0243 & 69.0800 \\ 0 & 0 & 1 & -0.3988 & -41.8983 \end{bmatrix}$$

（6）对得到的新矩阵,把第二行减去第三行的0.5765倍,

$$\begin{bmatrix} 1 & 3.7273 & 3.9697 & 0.1212 & 606.0606 \\ 0 & 1 & 0 & 0.2542 & 93.2344 \\ 0 & 0 & 1 & -0.3988 & -41.8983 \end{bmatrix}$$

（7）把第一行减去第二行的3.7273倍再减去第三行的3.9697倍,最终得到矩阵(为简便起见,最终结果精确到小数点后两位)：

$$\begin{bmatrix} 1 & 0 & 0 & 0.76 & 424.87 \\ 0 & 1 & 0 & 0.25 & 93.23 \\ 0 & 0 & 1 & -0.40 & -41.90 \end{bmatrix}$$

然后小丽把这个矩阵转化为方程组:

$$\begin{cases} x_1 + 0.76x_4 = 424.87 \\ x_2 + 0.25x_4 = 93.23 \\ x_3 - 0.40x_4 = -41.90 \end{cases}$$

再进一步得到方程组的解为

$$\begin{cases} x_1 = -0.76x_4 + 424.87 \\ x_2 = -0.25x_4 + 93.23 \\ x_3 = 0.40x_4 - 41.90 \end{cases}$$

其中,x_4是自由变量,其他3个未知数是基础变量。所以理论上,小丽有无穷多个选择,那小丽该怎么选择自己的食谱呢？我们前面讲过,要遵循实事求是的原则去选择。

1.6.4 定制食谱最后一步:选择一组合适的食物搭配

于是,小丽打开冰箱一看,她买的牛奶一盒是250克。所以,她决定早餐喝一整盒牛奶,也就是说,$x_1 = 250$。然后,她依次计算出其他三种食物的摄入量(精确到个位)：

$$x_2 = 36, \quad x_3 = 50, \quad x_4 = 230$$

这样,小丽制定出了她的周一早餐健康食谱,如表1.8所示。

表1.8 小丽的周一早餐健康食谱

食物	牛奶	全麦面包	鸡蛋	苹果
质量/克	250	36	50	230

按照这个思路,小丽决定定制一周健康食谱。可是,如果每一餐选择吃的食物都不一样,那她总共要求解 $3 \times 7 = 21$ 个线性方程组,这个计算量有点大呀!不过别忘了,小丽可是计算机工程师!她发现用矩阵初等行变换的方法求解线性方程组的过程非常程序化,而计算机是最擅长做程序化的工作的,这个工作可以交给计算机完成嘛!事实上,科学家和计算机工程师们早就教会计算机求解线性方程组了,而且开发了许多求解这类方程组的软件。所以,小丽借助计算机的帮助,很快就定制了她每周七天,每天三餐的健康食谱。

如果你是一个健身达人,你的手机里可能就安装了可以帮你规划饮食的健身 App。这些 App 非常智能化、人性化! 其实,这些健身 App 使用的数学原理和小丽为自己制定健康食谱的原理是类似的:首先根据你输入的热量摄入要求和想吃的食物清单,建立一个线性方程组,然后求解这个线性方程组,最后把结果推荐给你。

1.6.5　什么是规划问题

现实中有很多像健康食谱定制这样的问题。这类问题的特点如下。

(1)问题可以描述为一个包含很多未知数的线性方程组。

(2)方程的数量往往比未知数的数量少,这使得方程组有非常多(甚至无数)个解。

(3)需要作一个决策,从众多的解中选择一个。

(4)作决策往往会依据某种标准进行。比如,小丽决定以每次摄入的食物总质量最小为衡量标准选择,不过标准也不一定是唯一的,"花最少的钱购买食材"是另外一个标准。

我们把这类问题称为规划问题。规划问题在现代生活中无处不在。超市进货、城市交通部门进行交通规划、打车和外卖平台为司机和骑手分配工作任务与规划工作路线、飞机场调度航班、化工厂在生产过程中进行原料配比、政府对国家未来一段时间的经济进行规划等,都是规划问题。

解决规划问题,往往需要求解线性方程组。越复杂的实际问题,未知数越多,对应的线性方程组可能由包含几千、几万甚至几十万个未知数组成的几千、几万甚至几十万个方程组成。如果没有计算机的帮助,人类不可能成功求解这样大数据量的线性方程组。

好在,数学家发现很多线性方程组的求解方法具有程序化的特点。比如,小丽使用的方法就很程序化,而计算机最擅长完成具有程序化流程的任务。因此,数学家研究了很多种程序化的线性方程组的求解算法,并把这些算法编成计算机能够理解的程序语言,告诉计算机该怎么求解线性方程组。计算机的表现非常优秀,目前人类几乎把工作中涉及的绝大多数线性方程组都交给了计算机求解。

但是,在设计求解线性方程组的算法时,有个问题是必须考虑的,那就是误差问题。

我们知道,计算机只能存储有限位数的数字,因此不管保留到小数点后几位,计算机保存一个无限小数都会存在误差。在求解线性方程组的某一步中,如果产生的精确结果是无限小数,计算机就会产生误差,而且这个误差还会传递到下一步计算中去。求解一个线性方程组需要很多步骤,每一步误差不控制在一个合理的范围内,这些误差就会不断积累并向后传递,可能像雪球一样越滚越大。另一方面,如果对每一步的计算结果要求过细,则会带来计算量的巨大增加,从而大大影响计算速度。

因此,算法科学家的任务就是,找到计算误差和计算速度的平衡,开发算得又快又准的算法。

 ## 1.7　我们的生活离不开线性方程组

现代生活的方方面面都和矩阵密切相关。小到一个健康食谱的设计、一个化妆品的配方,大到石油探测、航班调度、分析和预测一个国家的经济运行,都需要解方程组。这些方程组常常包含几千几万个未知数,如果没有计算机,人类很难得到方程组的解。

利用计算机求解方程组的历史,几乎和计算机的发展史是同步的。

世界上第一台可编程的计算机叫作ENIAC,是为了求解原子弹设计过程中涉及的物理学方程而设计的。第二次世界大战之后,越来越多的科学家开始使用计算机求解数学问题。1949年,美国哈佛大学的教授列昂惕夫(Wassily Leontief)为了研究美国的经济运行规律,将美国的经济按照行业分解为500个部门(如煤炭、石油、汽车、电力、航空、铁路等),并根据美国劳动统计局的数据,将整个美国经济的产出分配规律描述为包含500个未知数的500个方程组成的方程组。这位教授知道,利用人工求解这个方程组所耗费的时间将是难以想象的,所以他决定求助计算机。但即使是当时世界上最先进的计算机之一 Mark Ⅱ,也无法完成如此巨大的计算量。无奈之下,列昂惕夫只好把这个问题简化为包含42个未知数的42个方程组成的方程组。在当时的技术条件下,仅仅编制解决这个方程组的程序,就花了好几个月的时间,然后又花了56个小时运行这个程序,才最终得到方程组的解。

从此以后,计算机的发展和方程组的求解相互促进。由于科学研究涉及大量线性方程组的求解问题,为了满足这些需求,计算机科学家不断开发先进的硬件设备和求解算法。现在,随便一台笔记本电脑,只需要一分钟不到,就可以求解列昂惕夫当初输入 Mark Ⅱ 的那个包含42个未知数的方程组。由于有了越来越先进的求解算法,以前需要花费几个月甚至几年才能计算出来的方程组,现在几分钟,最多几天就能得到答案。有了计算机的帮助,各领域的科学家们做科学研究的进度比以前任何时代都快。随着他们研究的一步步深入,他们需要求解更加复杂的方程组,这就需要拥有更强大计算能力的计算机,这又进一步促使计算机硬件和软件不断提升性能,更新换代。

现在,电子电器工程师设计的芯片,可以在一个平方毫米的面积上放置几亿个晶体管,这个设计过程中要借助线性方程组。化学家描述一个复杂的化学过程的化学方程式,需要建立和求解线性方程组。城市规划和交通监控人员根据一个时间段内的人流、车流数据,分析道路交通状况,需要建立和求解线性方程组。

可以说,如果没有计算机,这些复杂的线性方程组就无法求解,我们就不可能享受这么便利的现代生活。

第 2 章

数字游戏:好玩的矩阵

矩阵的英文单词为"Matrix",这个词最初是由英国数学家西尔维斯特 (James Joseph Sylvester)提出的,它源于拉丁语"womb",原意是母体。他在1851年的一篇论文中指出,"将以长方形排列而成的数项称为Matrix,原因是它就像孕育生命的母体子宫一样,从中可以产生各种不同的行列式。"

经典科幻电影《黑客帝国》把孕育人工智能的系统称为 The Matrix,也是从这两层含义而来。第一,这个系统就像母体孕育各式各样的人工智能;第二,矩阵是计算机科学的数学基础之一,计算机领域处处都可见到矩阵的影子。

电影《变形金刚》中也有矩阵,其中神秘的领导模块的名字就是 The Matrix。它是塞伯坦上最著名的、充满了远古力量和智慧的神器。它同塞伯坦社会息息相关,不仅仅是塞伯坦人领导权力的象征,也是赋予新火种、创造新生命的最有效的工具。电影中使用The Matrix这个概念,也和这个单词的拉丁语词根womb——"母体"息息相关。

本章我们将进一步了解矩阵的一些基本概念。

矩阵就是数字公寓

将Matrix翻译为"矩阵"，笔者认为有两层含义：一方面，矩阵就是数字组成的长方形，长方形又叫作矩形；另一方面，它就像数字排队的阵列。所以，Matrix就是矩阵，矩阵就是Matrix。

2.1.1　矩阵的尺寸

公寓楼有很多层，每层的公寓一样多，矩阵也有很多行，每一行由同样多的数字组成。如图2.1所示，矩阵就是一个住着很多个数字的公寓。就像一个矩形有长和宽、一个公寓楼有层数和每层公寓套数，一个矩阵也有行数和列数，这两个数字决定了这个矩阵包含了多少个数字、数字又是按照怎样的方式排列的。

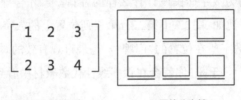

2行3列的矩阵　　　　　2层的公寓楼

图2.1　一个 2×3 矩阵就像一个2层、每层3套公寓的公寓楼

数学家用"行数×列数"的方式表示矩阵的尺寸。比如，2行2列的矩阵称为 2×2 矩阵，2行3列的矩阵称为 2×3 矩阵，3行2列的矩阵称为 3×2 矩阵。

例2.1　下面这几个矩阵是什么矩阵呢？

$$A = \begin{bmatrix} 1 & 2 & 5 & 8 \\ 8 & 3 & 3 & 9 \\ 3 & 4 & 0 & 0 \end{bmatrix}, B = \begin{bmatrix} 9 & 2 & 5 & 8 & 4 \\ 8 & 3 & 3 & 9 & 1 \\ 3 & 4 & 0 & 0 & 2 \\ 5 & 4 & 4 & 4 & 3 \end{bmatrix}, C = \begin{bmatrix} 9 & 2 & 5 \\ 8 & 3 & 3 \\ 3 & 4 & 0 \end{bmatrix}, D = \begin{bmatrix} 9 & 2 & 5 & 8 \end{bmatrix}, E = \begin{bmatrix} 9 \\ 8 \\ 3 \end{bmatrix}$$

很显然，A 是 3×4 矩阵，B 是 4×5 矩阵，C 是 3×3 矩阵，D 是 1×4 矩阵，E 是 3×1 矩阵。

长和宽相等的矩形叫作正方形。类似地，数学家把行数和列数相等的矩阵叫作方阵。如果这个方阵有 n 行，就称为 n 阶方阵。例2.1中，矩阵 C 有3行3列，所以它是一个三阶方阵。

我们把矩阵比作"数字长方形"，按照这个比喻，方阵就是"数字正方形"。我们知道，正方形有很好的对称性。实际上，方阵也展示出类似的对称性。我们把方阵中行和列位置相同的元素的连线，也就是从左上角到右下角的连线叫作方阵的对角线。如图2.2所示，虚线就是方阵 $\begin{bmatrix} 9 & 2 & 5 \\ 8 & 3 & 3 \\ 3 & 4 & 0 \end{bmatrix}$ 的对角线。

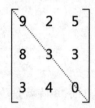 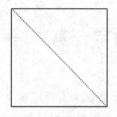

图2.2 方阵的对角线和正方形的对角线

只有一行的矩阵称为行矩阵,又称为行向量。例2.1中,矩阵D只有一行,所以它是一个行矩阵。

只有一列的矩阵称为列矩阵,又称为列向量。例2.1中,矩阵E只有一列,所以它是一个列矩阵。

2.1.2 数字公寓的门牌号

我们知道,公寓楼里的每一套公寓都有表示楼层和位置的门牌号,住在矩阵中的数字也应该有自己的"门牌号"。那么,你觉得为数字居民设计什么样的"门牌号"才合理呢? 矩阵中的每个位置都可以用第几行、第几列来描述。比如,图2.3中第二行第三列位置上的数字就是4。所以,用一个有序数对"(行号,列号)"表示矩阵中数字所在位置的"门牌号"是最直观有效的。数学家还把住在房间中的数字居民叫作"元素"(简称"元")。于是,你就会在很多线性代数教材中看到类似下面这样的表述。

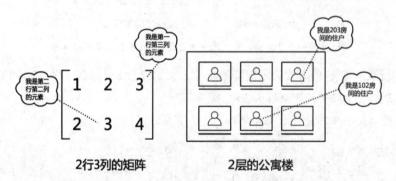

图2.3 矩阵中的元素都有"门牌号"

"矩阵$\begin{bmatrix} 1 & 2 & 3 \\ 2 & 3 & 4 \end{bmatrix}$的第$(1,3)$元素为3,第$(2,2)$元素为3。"这句话的意思是说,矩阵第一行第三列的元素为3,第二行第二列的元素为3。

"矩阵A满足条件:它的第$(k, k-1)$元素为0。"这句话的意思是说,矩阵A的第k行第$k-1$列的元素为0。如果$k=2$,那么矩阵A的第二行第一列的元素为0。

数学家们发明了一套符号体系来表示矩阵的每一个位置的数,我们在第1章中其实已经使用过这套符号。

就像我们列方程使用x表示未知数一样,我们用小写字母表示矩阵中某个位置的数,为了能同时表达这个数在矩阵中的"门牌号",数学家又给这个字母写一个下标来表示这个数字在矩阵中的位置。例如,矩阵A的第$(1,1)$元素,也就是第一行第一列的元素,用a_{11}表示,第$(1,2)$元素用a_{12}

表示……所以,第(i, j)元素,也就是第i行第j列的元素,用a_{ij}表示。

例2.2 现在,让我们来做一个数学侦探,来猜一个矩阵A吧! 你有下面这些线索。

(1)矩阵大楼右下角的房间的门牌号是$(3, 2)$,这个房间里住着数字9。

(2)矩阵大楼的门牌号为(k, k)的房间里住着数字$k + 3$($k = 1, 2$)。

(3)矩阵大楼右上角的房间里住着数字8。

(4)其他房间住着的数字都等于这个房间的行号。

你写出这个矩阵了吗? 让我们一起来试试!

首先,根据第一个线索,对于任何一个矩阵大楼,门牌号都是从最上面一行往下数,从最左边一列往右数的,所以右下角房间的门牌号的数字其实是行数和列数,也就是(行数,列数)。因此,矩阵A有3行2列,即它是3×2矩阵,所以我们可以使用带"门牌号"的符号系统来表示矩阵A:

$$A = \begin{bmatrix} a_{11} & a_{12} \\ a_{21} & a_{22} \\ a_{31} & a_{32} \end{bmatrix}$$

"门牌号是$(3, 2)$的房间里住着数字9"用数学语言来说,就是矩阵A的第$(3, 2)$元素为9,也就是说,$a_{32} = 9$。

根据第二个线索,当$k = 1$时,得到$a_{11} = 1 + 3 = 4$;当$k = 2$时,得到$a_{22} = 2 + 3 = 5$。也就是说,矩阵A的第一行第一列的元素为4,第二行第二列的元素为5。

根据第三个线索,右上角的房间就是矩阵第一行最后一列的位置。矩阵A是3×2矩阵,这说明这个房间的门牌号为$(1, 2)$,所以$a_{12} = 8$。

至此,我们已经填充了矩阵A的部分位置 $\begin{bmatrix} 4 & 8 \\ a_{21} & 5 \\ a_{31} & 9 \end{bmatrix}$,还有两个未知数 a_{21}, a_{31} 分别是第二行、第三行的第一列位置上的数,根据第四个线索,$a_{21} = 2, a_{31} = 3$。

所以,矩阵$A = \begin{bmatrix} 4 & 8 \\ 2 & 5 \\ 3 & 9 \end{bmatrix}$。

2.2 把矩阵翻转一下,会怎么样?

2.2.1 怎样翻转矩阵

我们都知道把一个长方形旋转、翻转,这个长方形的形状并不会改变。那么,把"数字长方形"矩阵翻转一下,它会不会变呢?

如果我们以矩阵的左上角为支点进行翻转,就是依次把矩阵的第一行变成第一列,把矩阵的第二行变成第二列……这个矩阵会变成什么呢? 拿出笔来随手写一个矩阵,来试试看吧! 就以例2.2的答案 $A = \begin{bmatrix} 4 & 8 \\ 2 & 5 \\ 3 & 9 \end{bmatrix}$ 为例,我们把第一行变成新矩阵的第一列,第二行变成新矩阵的第二列,第三行变成新矩阵的第三列,于是我们就得到矩阵 $B = \begin{bmatrix} 4 & 2 & 3 \\ 8 & 5 & 9 \end{bmatrix}$。

这种把矩阵的行依次变为列的矩阵运算,称为矩阵转置,矩阵 A 的转置用记号 A^T 表示。

图2.4形象地演示了转置的过程,这对于我们理解转置的过程会非常有帮助。仔细观察你就会发现,矩阵 A 的第 $(1,1)$ 元素和第 $(2,2)$ 元素在转置中并没有发生变化,再对比其他位置的元素,我们发现,矩阵 A 以第 $(1,1)$ 元素和第 $(2,2)$ 元素确定的直线为轴,翻转了180度(请忽略翻转造成的图形的镜像),就变成了矩阵的转置。接下来,我们来看看矩阵转置之后,会发生什么变化。

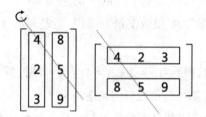

图2.4　翻转一个矩阵,得到它的转置矩阵

(1)矩阵转置后的行数和列数是原矩阵的列数和行数。矩阵 $\begin{bmatrix} 4 & 8 \\ 2 & 5 \\ 3 & 9 \end{bmatrix}$ 翻转之后变成它的转置 $\begin{bmatrix} 4 & 2 & 3 \\ 8 & 5 & 9 \end{bmatrix}$。$\begin{bmatrix} 4 & 8 \\ 2 & 5 \\ 3 & 9 \end{bmatrix}$ 是一个 3×2 矩阵,而 $\begin{bmatrix} 4 & 2 & 3 \\ 8 & 5 & 9 \end{bmatrix}$ 是一个 2×3 矩阵。

(2)原矩阵中第 (i,j) 位置上的元素在翻转后,变成转置矩阵第 (j,i) 位置上的元素。也就是说,原矩阵上元素的位置在翻转后,行号、列号互换,就是这个元素在转置矩阵中的位置。例如,矩阵 $\begin{bmatrix} 4 & 8 \\ 2 & 5 \\ 3 & 9 \end{bmatrix}$ 的第 $(2,1)$ 元素是它的转置矩阵 $\begin{bmatrix} 4 & 2 & 3 \\ 8 & 5 & 9 \end{bmatrix}$ 的第 $(1,2)$ 元素。

(3)把一个矩阵进行一次转置运算,得到这个矩阵的转置矩阵,如果再进行一次转置运算,又变回原矩阵。以矩阵 $\begin{bmatrix} 4 & 8 \\ 2 & 5 \\ 3 & 9 \end{bmatrix}$ 为例,进行一次转置运算,得到 $\begin{bmatrix} 4 & 2 & 3 \\ 8 & 5 & 9 \end{bmatrix}$,再进行一次转置运算,就得到 $\begin{bmatrix} 4 & 8 \\ 2 & 5 \\ 3 & 9 \end{bmatrix}$。

那么,请你再思考一下,一个矩阵连续做10次、11次转置运算,结果是什么呢? 你一定发现了以下结论。

(1)一个矩阵连续转置运算偶数次,所得矩阵是它本身。

(2)一个矩阵连续转置运算奇数次,所得矩阵是它的转置矩阵。

2.2.2 翻转后不变的方阵

矩阵经过翻转后,尺寸会颠倒——行数变成列数,列数变成行数。可是,对于一个行数和列数相

等的方阵来说,翻转后的转置矩阵还是一个相同阶数的方阵。例如,方阵 $\begin{bmatrix} 9 & 2 & 5 \\ 8 & 3 & 3 \\ 3 & 4 & 0 \end{bmatrix}$ 的转置矩阵

$\begin{bmatrix} 9 & 8 & 3 \\ 2 & 3 & 4 \\ 5 & 3 & 0 \end{bmatrix}$ 还是一个三阶方阵。

一个 n 阶方阵,将这个矩阵进行转置,就是以从左上角到右下角的对角直线为轴翻转。前面我们

已经分析过,方阵关于对角线展现出一种对称性,即 n 阶方阵第 (i,j) 位置和第 (j,i) 位置关于这条对角

直线对称。所以,对方阵进行转置运算就是把第 (i,j) 位置和第 (j,i) 位置上的元素交换。

图2.5中的三阶方阵 $\begin{bmatrix} 9 & 2 & 5 \\ 2 & 1 & 3 \\ 5 & 3 & 0 \end{bmatrix}$ 展现出了比一般方阵更好的对称性。如果我们沿着对角线折叠方

阵,它的右上部分和左下部分就完全"重合"了! 如果方阵的第 (i,j) 位置和第 (j,i) 位置的元素彼此相

等,我们就把它叫作对称矩阵。方阵 $\begin{bmatrix} 9 & 2 & 5 \\ 2 & 1 & 3 \\ 5 & 3 & 0 \end{bmatrix}$ 就是一个对称矩阵。因为对称矩阵关于对角线对称位

置上的元素彼此相等,所以把一个对称矩阵绕对角线翻转,矩阵不变,也就是说,对称矩阵的转置矩阵

是它本身。因此,很多教科书这样定义对称矩阵:如果方阵 A 满足 $A^{\mathrm{T}} = A$,则称 A 为对称矩阵。

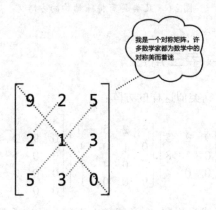

图2.5 对称矩阵展现出了很好的对称性

现在,我们以三阶方阵为例,来看看普通方阵和对称矩阵在元素未知数数量上的不同。我们知

道,一个普通的三阶方阵有9个元素,因此我们需要知道每一个位置的数字,才能完全确定这个三阶

方阵。如果我们要像例2.2那样"破解"一个三阶方阵 A，这里 $A = \begin{bmatrix} a_{11} & a_{12} & a_{13} \\ a_{21} & a_{22} & a_{23} \\ a_{31} & a_{32} & a_{33} \end{bmatrix}$，它包含9个未知数。

但是，如果 A 是对称矩阵，我们就知道 $a_{21} = a_{12}, a_{31} = a_{13}, a_{32} = a_{23}$，此时未知数数量有6个。

接下来，我们从三阶方阵扩展到 n 阶方阵。普通的 n 阶方阵，我们需要设 n^2 个未知数。而如果是 n 阶对称矩阵，则第一行需要设 $a_{11}, a_{12}, \cdots, a_{1,n-1}, a_{1n}$ 共 n 个未知数，由于 $a_{21} = a_{12}$，第二行只需要设 $a_{22}, \cdots, a_{2,n-1}, a_{2n}$ 共 $n-1$ 个未知数，以此类推，到第 n 行，只需设 a_{nn} 一个未知数。所以，一个 n 阶对称矩阵，我们只需要设 $n + (n-1) + \cdots + 1 = \dfrac{n(n+1)}{2}$ 个未知数。相比而言，比一个普通的 n 阶方阵少了很多。

2.3 各种特殊的方阵

方阵是非常重要的一类矩阵，本节我们来介绍几类特殊的方阵，这些方阵都具有和图2.6中方阵类似的结构。

上三角矩阵　　　下三角矩阵　　　对角矩阵　　　副对角矩阵

图2.6　几类具有特殊结构的方阵

2.3.1 三角矩阵就是数字三角形

实际应用中，我们常常会遇到类似这样的方阵：

$$\begin{bmatrix} 9 & 2 \\ 0 & 1 \end{bmatrix}, \begin{bmatrix} 9 & 2 & 5 \\ 0 & 1 & 8 \\ 0 & 0 & 4 \end{bmatrix}, \begin{bmatrix} 9 & 2 & 5 & -1 \\ 0 & 1 & 0 & 4 \\ 0 & 0 & 4 & 7 \\ 0 & 0 & 0 & 1 \end{bmatrix}, \begin{bmatrix} 8 & 1 & 0 & 5 & 1 \\ 0 & 9 & 2 & 5 & -1 \\ 0 & 0 & 1 & 3 & 4 \\ 0 & 0 & 0 & 4 & 7 \\ 0 & 0 & 0 & 0 & 1 \end{bmatrix}$$

这些方阵的特点是，以对角线为界限，对角线的左下部分数字全部为0。如果把方阵左下部分的

"0"忽略掉，这些方阵其实是由数字组成的三角形。比如，图2.6中的方阵 $\begin{bmatrix} 9 & 2 & 5 \\ 0 & 1 & 8 \\ 0 & 0 & 4 \end{bmatrix}$，数字9,2,5,1,8,

4占据了方阵的右上角，组成了一个数字三角形。所以，我们把对角线左下部分数字全部为0，右上部分数字"千姿百态"的方阵叫作上三角矩阵。

接下来，我们把前文中的四个上三角矩阵进行转置运算，变成

$$\begin{bmatrix} 9 & 0 \\ 2 & 1 \end{bmatrix}, \begin{bmatrix} 9 & 0 & 0 \\ 2 & 1 & 0 \\ 5 & 8 & 4 \end{bmatrix}, \begin{bmatrix} 9 & 0 & 0 & 0 \\ 2 & 1 & 0 & 0 \\ 5 & 0 & 4 & 0 \\ -1 & 4 & 7 & 1 \end{bmatrix}, \begin{bmatrix} 8 & 0 & 0 & 0 & 0 \\ 1 & 9 & 0 & 0 & 0 \\ 0 & 2 & 1 & 0 & 0 \\ 5 & 5 & 3 & 4 & 0 \\ 1 & -1 & 4 & 7 & 1 \end{bmatrix}$$

请你观察它们的特点。显然，这四个方阵的对角线左下部分数字"千姿百态"，右上部分数字全部为0。我们把这样的方阵叫作下三角矩阵。

现在我们知道：上三角矩阵经过转置运算就变成下三角矩阵，下三角矩阵经过转置运算就变成上三角矩阵。

三角矩阵在矩阵的运算中有非常重要的作用。当你学习了矩阵乘法就会发现，一些方阵可以被分解为一个下三角矩阵和一个上三角矩阵的乘积。而这个分解，对计算线性方程组非常有用。

现在，让我们仅从数据存储的角度来分析一下三角矩阵。前面我们已经介绍了对称矩阵的概念，现在我们把对称矩阵和三角矩阵比较一下。你会发现它们在数据存储上是一样的。我们已经分析过，一个n阶对称矩阵只需要存储$\frac{n(n+1)}{2}$个数据，同样地，一个n阶三角矩阵也只需要存储$\frac{n(n+1)}{2}$个数据。因此，一些算法工程师在设计矩阵算法时，用"标签+数组"的形式存储对称矩阵、三角矩阵，让计算机在读取时，能根据矩阵类型将它还原。这样，存储一个对称矩阵、三角矩阵就节省了不小的空间。这个过程可以用图2.7表示。

$$\begin{bmatrix} 9 & 2 & 5 & -1 \\ 2 & 1 & 0 & 4 \\ 5 & 0 & 4 & 7 \\ -1 & 4 & 7 & 1 \end{bmatrix} \xrightarrow{\text{存储为一个标签 + 一个数列}} \text{对称，}9,2,5,-1,1,0,4,4,7,1 \xrightarrow{\text{读取后根据标签还原}} \begin{bmatrix} 9 & 2 & 5 & -1 \\ 2 & 1 & 0 & 4 \\ 5 & 0 & 4 & 7 \\ -1 & 4 & 7 & 1 \end{bmatrix}$$

$$\begin{bmatrix} 9 & 2 & 5 & -1 \\ 0 & 1 & 0 & 4 \\ 0 & 0 & 4 & 7 \\ 0 & 0 & 0 & 1 \end{bmatrix} \xrightarrow{\text{存储为一个标签 + 一个数列}} \text{上三角，}9,2,5,-1,1,0,4,4,7,1 \xrightarrow{\text{读取后根据标签还原}} \begin{bmatrix} 9 & 2 & 5 & -1 \\ 0 & 1 & 0 & 4 \\ 0 & 0 & 4 & 7 \\ 0 & 0 & 0 & 1 \end{bmatrix}$$

图2.7　计算机存储一个对称矩阵和一个上三角矩阵的过程

2.3.2　对角矩阵

如果一个方阵除对角线上的元素外，其他元素全部为0，我们就称这个方阵为对角矩阵。一个三阶对角矩阵可以表示为$\begin{bmatrix} a_1 & & \\ & a_2 & \\ & & a_3 \end{bmatrix}$。一个$n$阶对角矩阵可以表示为$\begin{bmatrix} a_1 & & \\ & \ddots & \\ & & a_n \end{bmatrix}$。为了节省空间和时间，数学家根据对角矩阵的英文单词Diagonal Matrix，把一个对角矩阵简写为$\mathrm{diag}\{a_1, a_2, \cdots, a_n\}$。

如果一个n阶对角矩阵对角线上的元素全部为1,我们就称这个矩阵为n阶单位矩阵。按照这个定义,二阶单位矩阵是$\begin{bmatrix} 1 & 0 \\ 0 & 1 \end{bmatrix}$,三阶单位矩阵是$\begin{bmatrix} 1 & 0 & 0 \\ 0 & 1 & 0 \\ 0 & 0 & 1 \end{bmatrix}$。

为什么把这样的矩阵叫作单位矩阵呢?这个问题我们留到下一章学习了矩阵的乘法之后再解答。

现在,我们要分析的是,一个单位矩阵携带的数据量是多少呢?我们前面已经学习过了,一个普通的n阶方阵携带n^2个数据,一个n阶三角矩阵或对称矩阵携带$\frac{n(n+1)}{2}$个数据,一个n阶对角矩阵携带n个数据,而一个n阶单位矩阵只携带两个信息——单位矩阵、阶数是n。

那么,如果你是一个计算机专家,在设计有关矩阵的算法时,你会怎么存储对角矩阵和单位矩阵呢?

对于对角矩阵,类似于三角矩阵的存储方式,也可以用"标签+数组"的形式存储,比如对角矩阵$\begin{bmatrix} 1 & 0 & 0 \\ 0 & 4 & 0 \\ 0 & 0 & 9 \end{bmatrix}$可以存储为"对角,1,4,9"。对于单位矩阵,存储就更简单了:"单位,n",这里n表示单位矩阵的阶数,比如单位矩阵$\begin{bmatrix} 1 & 0 \\ 0 & 1 \end{bmatrix}$可以存储为"单位,2"。

就像正方形有两条对角线,方阵也有两条对角线,一条是我们前面介绍的,从方阵的左上角位置到右下角位置的元素组成的主对角线(简称对角线);另一条是从方阵的右上角位置到左下角位置的元素组成的对角线,我们把这条对角线叫作副对角线。如果一个方阵除副对角线上的元素外,其他元素全部为0,我们就称这个方阵为副对角矩阵。例如,图2.6中的方阵$\begin{bmatrix} 0 & 0 & 9 \\ 0 & 4 & 0 \\ 1 & 0 & 0 \end{bmatrix}$就是一个副对角矩阵。

2.4 幻方游戏你玩过吗?

你听说过幻方游戏吗?它是将从1到n^2的自然数排成纵横各n个数的正方形,使在同一行、同一列、主对角线和副对角线上的数的和都相等。你一定看出来了,幻方游戏就是一个矩阵游戏——用数$1,2,\cdots,n^2$写出满足指定条件的n阶方阵。

2.4.1 幻方是中国人的发明

中国有"伏羲受河图"和"大禹受洛书"的传说。《易经》中说:"河出图,洛出书,圣人则之"。

相传在伏羲氏时,神马背负神秘的黑白点图(图2.8)降于黄河,这幅图由1~10十个数字组成。其中,奇数为阳,用白色点表示;偶数为阴,用黑色点表示。十个数字按照"一与六共宗而居乎北,二与七为朋而居乎南,三与八同道而居乎东,四与九为友而居乎西,五与十相守而居乎中"①的方式排列在东西南北中五个位置。传说伏羲氏根据这幅图创造了八卦。

关于洛书的传说则是这样的:据说在大禹治洪水时,洛水中浮出一只神龟,它的背上也有一副黑白点组成的图案(图2.9)。这幅图由1~9九个数字组成,同样遵循奇数为阳、偶数为阴,分别用白色点、黑色点表示的规则。传说大禹根据这幅图创造了九筹。

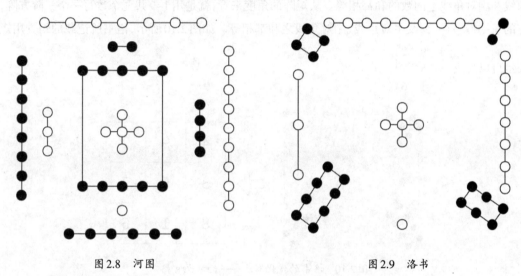

图2.8　河图　　　　　　　　　　　　　图2.9　洛书

由于神马出自黄河,而神龟出自洛水,因此后人就将图2.8称为"河图",图2.9称为"洛书"。

让我们继续观察图2.9中的洛书。"洛书"中共有黑、白点45个,连在一起的点的数量正好和数字1~9对应。这九个数恰好组成一个幻方,中国古代又称其为纵横图、九宫算。中国人不仅发明了幻方游戏,而且对幻方进行了深入研究。公元前1世纪,西汉宣帝时的学者戴德在他的政治礼仪著作《大戴礼·明堂篇》中就有"二、九、四、七、五、三、六、一、八"的洛书九宫数记载。公元1275年,南宋数学家杨辉首先开展了对幻方的系统研究,在他的《续古摘奇算法》一书中称幻方为纵横图,他还给出了快速写出三阶幻方的口诀:"九子斜排,上下对易,左右相更,四维挺出"。

不止中国人,很多古代文明都把幻方看作吉祥的象征。古希腊人在公元3世纪前后出现了有关幻方的记载。到了14世纪,一些著名的数学家如费马、欧拉开始研究幻方。印度人曾经在它们的古籍中记载了四阶幻方,并认为这是天神的恩赐。15世纪的欧洲人曾经认为幻方可以镇压妖魔,把它称为Magic Square。

到了现代,对于幻方的研究已经非常深入。由于幻方所展示的简洁而对称的数学之美,1977年由美国国家航空航天局发射的旅行者1号、2号飞船携带的磁盘上,保存了四阶幻方的图像,希望通过它建立与外星人之间的友谊。

幻方是公认的组合数学的鼻祖,至今仍然是组合数学的研究课题之一。幻方与它的变体问题所

① 出自南宋朱熹、蔡元定所著《易学启蒙》。

蕴含的各种神奇的科学性质引起了一代又一代数学家的兴趣。有关幻方的研究成果已在组合分析、图论、数论、群、对策论、纺织、工艺美术、程序设计、人工智能等领域得到广泛应用。

2.4.2 利用矩阵求解一个三阶幻方

最简单的幻方是三阶幻方,就是把1~9填到一个三行三列的数字表格中,使在同一行、同一列、主对角线和副对角线上的数的和都相等。从矩阵的角度来看,就是用1~9共九个数写一个三阶方阵,使方阵的每一行、每一列及主对角线、副对角线之和都相等。如图2.10所示,洛书所记载的幻方用矩阵来表示可以写成 $\begin{bmatrix} 4 & 9 & 2 \\ 3 & 5 & 7 \\ 8 & 1 & 6 \end{bmatrix}$。

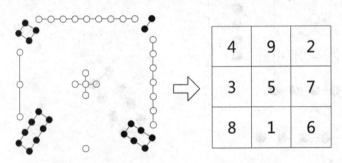

图 2.10　洛书的现代写法——幻方九宫格

下面让我们利用矩阵和线性方程组的知识,来系统地求解三阶幻方矩阵吧!

首先,设幻方矩阵为 $A = \begin{bmatrix} a_{11} & a_{12} & a_{13} \\ a_{21} & a_{22} & a_{23} \\ a_{31} & a_{32} & a_{33} \end{bmatrix}$。

按照每一行的和都相等,我们得到

$$a_{11} + a_{12} + a_{13} = a_{21} + a_{22} + a_{23} = a_{31} + a_{32} + a_{33}$$

我们又知道,矩阵 A 中的9个数为 $1, 2, \cdots, 9$。因此,这九个数的和就是

$$a_{11} + a_{12} + a_{13} + a_{21} + a_{22} + a_{23} + a_{31} + a_{32} + a_{33} = 1 + 2 + \cdots + 9 = 45$$

结合每一行的和都相等,我们就得到每一行之和为 $\dfrac{45}{3} = 15$。所以,我们就得到一个方程组:

$$\begin{cases} a_{11} + a_{12} + a_{13} = 15 \\ a_{21} + a_{22} + a_{23} = 15 \\ a_{31} + a_{32} + a_{33} = 15 \\ a_{11} + a_{21} + a_{31} = 15 \\ a_{12} + a_{22} + a_{32} = 15 \\ a_{13} + a_{23} + a_{33} = 15 \\ a_{11} + a_{22} + a_{33} = 15 \\ a_{13} + a_{22} + a_{31} = 15 \\ a_{11} + a_{12} + a_{13} + a_{21} + a_{22} + a_{23} + a_{31} + a_{32} + a_{33} = 45 \end{cases}$$

还记得我们在第1章中探讨过用矩阵求解方程组吗？如果我们约定每一个方程中未知数的出现顺序为 $a_{11}, a_{12}, a_{13}, a_{21}, a_{22}, a_{23}, a_{31}, a_{32}, a_{33}$，那么上述方程组的增广矩阵形式为

$$\begin{bmatrix} 1 & 1 & 1 & 0 & 0 & 0 & 0 & 0 & 0 & 15 \\ 0 & 0 & 0 & 1 & 1 & 1 & 0 & 0 & 0 & 15 \\ 0 & 0 & 0 & 0 & 0 & 0 & 1 & 1 & 1 & 15 \\ 1 & 0 & 0 & 1 & 0 & 0 & 1 & 0 & 0 & 15 \\ 0 & 1 & 0 & 0 & 1 & 0 & 0 & 1 & 0 & 15 \\ 0 & 0 & 1 & 0 & 0 & 1 & 0 & 0 & 1 & 15 \\ 1 & 0 & 0 & 0 & 1 & 0 & 0 & 0 & 1 & 15 \\ 0 & 0 & 1 & 0 & 1 & 0 & 1 & 0 & 0 & 15 \\ 1 & 1 & 1 & 1 & 1 & 1 & 1 & 1 & 1 & 45 \end{bmatrix}$$

然后用矩阵初等行变换求线性方程组的方法,经过一系列矩阵的初等行变换,我们可以得到

$$\begin{bmatrix} 1 & 0 & 0 & 1 & 0 & 0 & 1 & 0 & 0 & 15 \\ 0 & 1 & 0 & 0 & 0 & 0 & 0 & 1 & 0 & 10 \\ 0 & 0 & 1 & 0 & 0 & 1 & 0 & 0 & 1 & 15 \\ 0 & 0 & 0 & 1 & 0 & 1 & 0 & 0 & 0 & 10 \\ 0 & 0 & 0 & 0 & 1 & 0 & 0 & 0 & 0 & 5 \\ 1 & 0 & 0 & 0 & 0 & 0 & 0 & 0 & 1 & 10 \\ 0 & 0 & 1 & 0 & 0 & 0 & 1 & 0 & 0 & 10 \\ 0 & 0 & 0 & 0 & 0 & 0 & 0 & 0 & 0 & 0 \\ 0 & 0 & 0 & 0 & 0 & 0 & 0 & 0 & 0 & 0 \end{bmatrix}$$

也就是说,经过等价的初等行变换,原方程组等价于

$$\begin{cases} a_{11} + a_{21} + a_{31} &= 15 \\ a_{12} + a_{32} &= 10 \\ a_{13} + a_{23} + a_{33} &= 15 \\ a_{21} + a_{23} &= 10 \\ a_{22} &= 5 \\ a_{11} + a_{33} &= 10 \\ a_{13} + a_{31} &= 10 \end{cases}$$

9个未知数,但只有7个有效的方程,这说明在实数范围内,这个方程组有无穷多个解。但是,幻方问题的解必须在1~9的整数范围内,那么在这个范围内是不是有唯一解呢？

观察上述等价方程组,我们得到 $a_{22} = 5$。这是一个很重要的结果,有了这个结论,我们就知道幻方矩阵 **A** 中间的位置一定为5。

并且,观察等价方程组中第二、四、六、七个方程,我们发现:每一个方程中的未知数正好位于图2.11中内部的细线两端;每一根细线两端位置上的数字之和正好是10。

根据这个观察结论,我们给出求解幻方的步骤,如下所示。

第一步,把剩余的8个数字按照每对之和为10两两配对:1和9,2和8,3和7,4和6。

第二步,把这四组数分别填在图2.11中四条细线的两端,并且保证图2.11中四条外轮廓粗线上的数字之和都等于15。

接下来,就请你按照上面的步骤,把这四组数填到幻方矩阵中,得到幻方的解吧!我们给出

图2.12所示的两个解 $\begin{bmatrix} 6 & 1 & 8 \\ 7 & 5 & 3 \\ 2 & 9 & 4 \end{bmatrix}$ 和 $\begin{bmatrix} 6 & 7 & 2 \\ 1 & 5 & 9 \\ 8 & 3 & 4 \end{bmatrix}$。

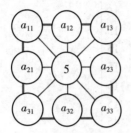

图2.11　三阶幻方的中心数字是5

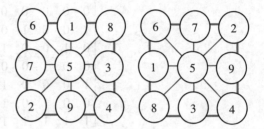

图2.12　两个三阶幻方矩阵

2.4.3　三阶幻方的特点

请你观察一下图2.12,这两个幻方矩阵有什么内在联系吗? 是的,它们互为转置。观察图2.12的两个幻方,我们还发现了以下信息。

(1)不考虑左右、上下顺序,出现在一条线上的三个数字组合是固定的:(6, 1, 8),(7, 5, 3),(2, 9, 4),(6, 7, 2),(1, 5, 9),(8, 3, 4),(6, 5, 4),(8, 5, 2)。

(2)这些数字组合所在的直线在幻方矩阵中的位置关系不变,每一个数字所在位置的特点也不变。例如,(6, 1, 8)和(6, 7, 2)所在的两条直线一定相交于数字6所在的位置,并且由于它们都不包含数字5,所以它们所在的直线一定是相互垂直的两条外轮廓粗线。因此,(6, 1, 8)和(6, 7, 2)的交点6只能坐落于幻方的四个顶点上。同理可得,位于外轮廓粗线上的组合为(6, 1, 8),(6, 7, 2),(8, 3, 4),(2, 9, 4),位于幻方四个顶点上的数字为6, 8, 4, 2。而且,6和4相对,8和2相对。而(7, 5, 3),(1, 5, 9),(6, 5, 4),(8, 5, 2)这四个组合都包含数字5,所以它们所在的直线都是经过中心点5的内部细线。由于(6, 5, 4),(8, 5, 2)这两个组合包含了6, 8, 4, 2四个顶点数字,故而这两条直线一定是对角线。所以,剩余(7, 5, 3),(1, 5, 9)所在的两条直线就是幻方内部的一条水平线和一条垂直线。

按照这个思路,我们发现,三阶幻方一共有八个解。

其实,中国古人也发现了这个规律。早在北周时期(公元557—581年),数学家甄鸾就记载了填写幻方的口诀:"九宫者,二四为肩,六八为足,左三右七,戴九履一,五居中央"。这个口诀首先把幻方比作一个人,这里的"二四为肩"是说2、4位于幻方上方的两个顶点(肩膀的位置),"六八为足"是说6、8位于幻方下方的两个顶点(双足的位置)。"左三右七"表示中间一行,左边(左手的位置)是3,右边(右手的位置)是7,而"戴九履一"是指第一行中间的位置(帽子的位置)是9,第三行中间的位置(鞋的位置)是1。"五居中央"则是说正中央的位置是5。这个口诀记载的幻方的解,也正是图2.9所记载的"洛书"中所展示的三阶幻方。我们将它写在了图2.13的第一个幻方中。

除了图2.12和图2.13所给出的三个解,三阶幻方还有五个解,请你把它们写在图2.13中。

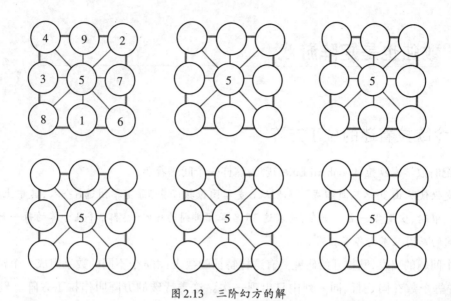

图 2.13　三阶幻方的解

2.4.4　利用矩阵求解 n 阶幻方的思路

解决了三阶幻方，让我们根据这个方法，总结一下利用矩阵知识求解其他阶幻方的方法吧！

第一步，按照矩阵的约定符号体系把幻方写成一个方阵。

第二步，根据幻方的要求，给出一个方程组。

第三步，利用矩阵的初等行变换，化简得到等价方程组。

第四步，观察等价方程组，找到一组 $1 \sim n^2$ 范围内的整数解。

对于三阶、四阶幻方，你可能会觉得本书的方法太过于复杂。的确，我们在小学学过更快、更简单的求解方法，图 2.14 就是利用小学的方法得到的一个四阶幻方。三阶、四阶幻方不利用线性方程组也可以快速求解。但如果给你一个十阶的幻方呢？这时，我们按照本书提供的方法，利用线性方程组并借助计算机进行求解，就又快又准确了！如果你有兴趣，可以试试四阶、五阶幻方游戏！

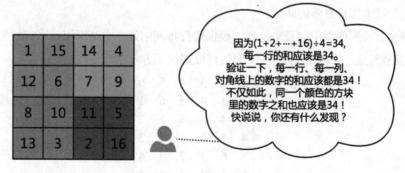

因为 $(1+2+\cdots+16) \div 4 = 34$，每一行的和应该是 34。
验证一下，每一行、每一列、对角线上的数字的和应该都是 34！
不仅如此，同一个颜色的方块里的数字之和也应该是 34！
快说说，你还有什么发现？

图 2.14　一个四阶幻方

2.5.1 令欧拉着迷的拉丁方阵

18世纪的数学家欧拉(Leonhard Euler)曾为这样一个问题着迷:

有一支仪仗队由36名队员组成。他们从6支军团选拔而来,每支军团选6个人,其中上校、中校、少校、上尉、中尉、少尉各一名。现在,要求这36名军官排列为6×6方阵,并且方阵的每一行、每一列都来自不同的军团且军衔各不相同。

受这个问题的启发,欧拉开始研究具有这样特征的数表:由 n 个不同的数字组成一个 n 行 n 列的数表,其中每个数在同一行、同一列中只出现一次。这类特殊的方阵叫作拉丁方阵。例如,矩阵 $\begin{bmatrix} 1 & 2 & 3 \\ 2 & 3 & 1 \\ 3 & 1 & 2 \end{bmatrix}$ 就是一个拉丁方阵,它由1、2、3三个不同的数字组成,并且每一行、每一列都没有重复的数字。

接下来,我们就用拉丁方阵来研究一下这个"36军官问题"。由于仪仗队的人员来自6支军团,我们用数字1~6表示军官所属的军团编号。如表2.1所示,我们也用数字1~6表示军官的军衔。

表2.1 用数字1~6表示军官的军衔

上校	中校	少校	上尉	中尉	少尉
1	2	3	4	5	6

这样,我们就可以用"(军团,军衔)"的有序对为每一个军官编号。比如,有序数对 $(1,2)$ 就表示来自一军团的中校。由于每个军官的军团和军衔信息并不完全相同,因此我们正好可以用 $(1,1)$, $(1,2)$,$\cdots$,$(6,6)$ 这36个有序数对使每个军官都有唯一的编号。

现在,我们尝试来安排方阵的队列。

首先,按照军官所属的军团编号来排列。根据每行每列刚好一个某军团的军官的要求,我们可以把军官的军团编号写成一个六阶拉丁方阵,我们可以用拉丁方阵

$$A = \begin{bmatrix} 1 & 2 & 3 & 4 & 5 & 6 \\ 2 & 3 & 4 & 5 & 6 & 1 \\ 3 & 4 & 5 & 6 & 1 & 2 \\ 4 & 5 & 6 & 1 & 2 & 3 \\ 5 & 6 & 1 & 2 & 3 & 4 \\ 6 & 1 & 2 & 3 & 4 & 5 \end{bmatrix}$$

表示方阵每个位置安排的军官所属的军团编号。

接下来,我们用第二个六阶拉丁方阵 B 表示每个位置安排的军官的军衔。这样,第一个拉丁方阵

*A*表示指定位置上军官的军团编号,第二个拉丁方阵*B*表示指定位置上军官的军衔。而我们知道,每一个军官有唯一的编号"(军团,军衔)",因此在指定位置上,方阵*A*和方阵*B*的元素组成一个有序数对,构成了这个位置上军官的编号。例如,第二行第三列的军官的编号应该是"(方阵*A*的第(2,3)元素,方阵*B*的第(2,3)元素)"。因此,我们要求拉丁方阵*B*还要满足,由方阵*A*和方阵*B*对应位置上的元素构成的有序数对不能重复出现。否则,就意味着在某两个甚至更多的位置安排了同一个军官,而有的军官则可能没有被安排到队列中。

要找到满足条件的拉丁方阵*B*可不容易。我们随便写一个六阶拉丁方阵:

$$B = \begin{bmatrix} 4 & 3 & 6 & 2 & 1 & 5 \\ 3 & 6 & 2 & 1 & 5 & 4 \\ 6 & 2 & 1 & 5 & 4 & 3 \\ 2 & 1 & 5 & 4 & 3 & 6 \\ 1 & 5 & 4 & 3 & 6 & 2 \\ 5 & 4 & 3 & 6 & 2 & 1 \end{bmatrix}$$

来验证一下是否满足条件。我们把方阵*A*和方阵*B*对应位置上的数字写在表2.2中。不难看出,表2.2中只出现了(1,4),(2,3),(3,6),(4,2),(5,1),(6,5)这6个有序数对,并且每个有序数对出现了6次。也就是说,如果按照表2.2排列军官方阵,只安排了6个军官,而且每个军官被安排了6个位置,而其他的30个军官则没有被安排。这显然是不符合要求的。

表2.2 根据两个六阶拉丁方阵组成的军官队列

行	列					
	第一列	第二列	第三列	第四列	第五列	第六列
第一行	(1,4)	(2,3)	(3,6)	(4,2)	(5,1)	(6,5)
第二行	(2,3)	(3,6)	(4,2)	(5,1)	(6,5)	(1,4)
第三行	(3,6)	(4,2)	(5,1)	(6,5)	(1,4)	(2,3)
第四行	(4,2)	(5,1)	(6,5)	(1,4)	(2,3)	(3,6)
第五行	(5,1)	(6,5)	(1,4)	(2,3)	(3,6)	(4,2)
第六行	(6,5)	(1,4)	(2,3)	(3,6)	(4,2)	(5,1)

欧拉做了很多尝试,但总是找不到满足条件的拉丁方阵*A*和*B*。于是,他简化了问题:仪仗队的人数减少到9个人,他们来自3个不同军团,每个军团选择上校、中校、少校三种军衔的军官各1个人。

这样一来,这个任务就不难了,很快欧拉就找到了两个满足条件的三阶拉丁方阵:$\begin{bmatrix} 1 & 2 & 3 \\ 2 & 3 & 1 \\ 3 & 1 & 2 \end{bmatrix}$,

$\begin{bmatrix} 1 & 2 & 3 \\ 3 & 1 & 2 \\ 2 & 3 & 1 \end{bmatrix}$。如图2.15所示,这两个方阵对应位置上的数字刚好组成了(1,1),(1,2),…,(3,3)这9个有序数对。欧拉把满足这样条件的拉丁方阵称为一对正交的拉丁方阵。由于一直找不到一对满足条件的正交的六阶拉丁方阵,欧拉猜测不存在正交的六阶拉丁方阵对。也就是说,"36军官问题"没有解。直到

1899年,加斯顿·塔里(Gaston Tarry)通过穷举所有可能性,终于证明了欧拉的猜测是对的。

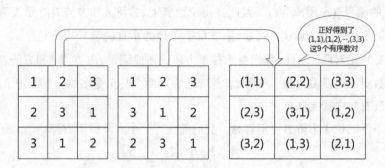

图2.15　两个正交的拉丁方阵

随着研究的深入,数学家发现,拉丁方阵、正交拉丁方阵与群论、统计学、信息编码理论等学科存在着密切的联系。

2.5.2　数独游戏

了解了拉丁方阵,再来看看数独游戏吧!数独游戏的规则很简单,与拉丁方阵类似,一个9×9的数表,每三行、三列又划分为9个3×3的子表格。如图2.16所示,将9组数(每组都有1~9九个数)填到这个数表中,要求每一行、每一列、每一个3×3的子表格中都不能出现重复的数字。

图2.16　一个需要填写的数独

与拉丁方阵相比,数独游戏增加了以下两个要求。

(1)方阵划分为小块,每一小块也要符合每个数字只能出现一次的规则。

(2)数独游戏是完成一个已经填写了若干数字的数表。换句话说,数独游戏就是按照给定的规则将没有填写完成的数独方阵补充完整。数独游戏的难度由需要填写的数字的多少决定,留白越多,题目难度越高。数独游戏的解题技巧,主要涉及逻辑推理。

这里我们不去研究填写数独的技巧,而是探讨如何设计数独。设计数独的第一步是写出一个完整的数独矩阵;第二步是合理地去掉矩阵中的一部分元素。

观察数独游戏的表格,我们发现,9×9的矩阵可以写成9个3×3的子矩阵。如果我们按照子矩阵的排列位置来写,可以把数独矩阵写成下列形式。

$$\begin{bmatrix} A_{11} & A_{12} & A_{13} \\ A_{21} & A_{22} & A_{23} \\ A_{31} & A_{32} & A_{33} \end{bmatrix}$$

其中,$A_{11}, \cdots, A_{33}$依次表示9个3×3子矩阵。

我们观察这9个矩阵在数独矩阵中的排列位置,再比较一下用来表示它们的符号。是不是发现,与我们表示一个3×3方阵的符号很类似?是的,我们把9×9矩阵以三行、三列为一块,分成了9块子矩阵,并使用类似于矩阵的符号体系来标注每一块子矩阵。这就是矩阵分块的思想。通过矩阵分块,我们可以把一个大矩阵分解成若干个小矩阵。这个思想的应用使行数、列数巨大的矩阵的运算、存储变得简便了不少。

2.5.3 用分块矩阵的思想填写数独矩阵

接下来,我们利用分块矩阵的思想,来写一个数独矩阵吧!

第一步,请你把数字1~9填到九宫格中,得到一个3×3方阵作为数独矩阵的第一个九宫格,即

$$A_{11} = \begin{bmatrix} 6 & 4 & 2 \\ 1 & 5 & 9 \\ 8 & 3 & 7 \end{bmatrix}。$$

第二步,把矩阵A_{11}的三行交换位置,得到两个新矩阵$\begin{bmatrix} 1 & 5 & 9 \\ 8 & 3 & 7 \\ 6 & 4 & 2 \end{bmatrix}$和$\begin{bmatrix} 8 & 3 & 7 \\ 6 & 4 & 2 \\ 1 & 5 & 9 \end{bmatrix}$,然后再把这三个矩阵并排排列,得到一个$3 \times 9$矩阵$\begin{bmatrix} 6 & 4 & 2 & 1 & 5 & 9 & 8 & 3 & 7 \\ 1 & 5 & 9 & 8 & 3 & 7 & 6 & 4 & 2 \\ 8 & 3 & 7 & 6 & 4 & 2 & 1 & 5 & 9 \end{bmatrix}$。这个矩阵的每一行包含了数字1~9。所以,数独矩阵的子矩阵$A_{12} = \begin{bmatrix} 1 & 5 & 9 \\ 8 & 3 & 7 \\ 6 & 4 & 2 \end{bmatrix}$,$A_{13} = \begin{bmatrix} 8 & 3 & 7 \\ 6 & 4 & 2 \\ 1 & 5 & 9 \end{bmatrix}$。

第三步,把矩阵A_{11}的三列交换位置,得到两个新矩阵$\begin{bmatrix} 4 & 2 & 6 \\ 5 & 9 & 1 \\ 3 & 7 & 8 \end{bmatrix}$和$\begin{bmatrix} 2 & 6 & 4 \\ 9 & 1 & 5 \\ 7 & 8 & 3 \end{bmatrix}$,然后再把这三个矩阵并列排列,得到一个$9 \times 3$矩阵$\begin{bmatrix} 6 & 4 & 2 \\ 1 & 5 & 9 \\ 8 & 3 & 7 \\ 4 & 2 & 6 \\ 5 & 9 & 1 \\ 3 & 7 & 8 \\ 2 & 6 & 4 \\ 9 & 1 & 5 \\ 7 & 8 & 3 \end{bmatrix}$。这个矩阵的每一列也包含了数字1~9。所以,数独矩阵

的子矩阵$A_{21}=\begin{bmatrix}4&2&6\\5&9&1\\3&7&8\end{bmatrix}$,$A_{31}=\begin{bmatrix}2&6&4\\9&1&5\\7&8&3\end{bmatrix}$。

第四步,把矩阵$A_{12}=\begin{bmatrix}1&5&9\\8&3&7\\6&4&2\end{bmatrix}$的三列交换位置,类似于第三步,得到子矩阵$A_{22}=\begin{bmatrix}5&9&1\\3&7&8\\4&2&6\end{bmatrix}$,$A_{32}=\begin{bmatrix}9&1&5\\7&8&3\\2&6&4\end{bmatrix}$。

第五步,把矩阵$A_{13}=\begin{bmatrix}8&3&7\\6&4&2\\1&5&9\end{bmatrix}$的三列交换位置,类似于第三步,得到子矩阵$A_{23}=\begin{bmatrix}3&7&8\\4&2&6\\5&9&1\end{bmatrix}$,$A_{33}=\begin{bmatrix}7&8&3\\2&6&4\\9&1&5\end{bmatrix}$。

这样,我们就得到图2.17所示的完整数独。图2.18所示是一个空白的数独表格,你可以按照上述步骤写一个数独矩阵吗?

6	4	2	1	5	9	8	3	7
1	5	9	8	3	7	6	4	2
8	3	7	6	4	2	1	5	9
4	2	6	5	9	1	3	7	8
5	9	1	3	7	8	4	2	6
3	7	8	4	2	6	5	9	1
2	6	4	9	1	5	7	8	3
9	1	5	7	8	3	2	6	4
7	8	3	2	6	4	9	1	5

图2.17 利用分块矩阵填写的数独

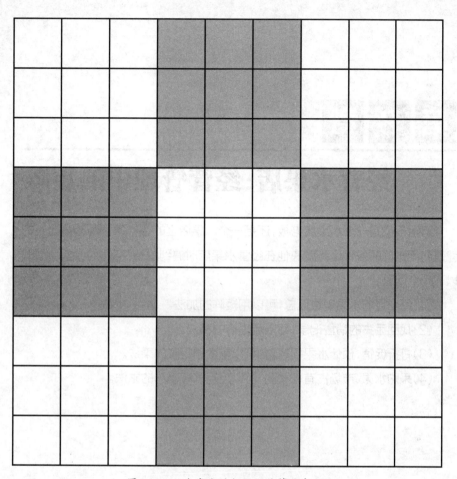

图2.18　一个空白的数独矩阵等你来玩！

第 3 章

经营水果店：经营管理中的矩阵

阿明不但是一个水果店老板，还是一个水果店里的数学家。阿明最擅长的就是利用矩阵的各种运算解决他在经营水果店时遇到的各种实际问题。比如，以下几个问题。

(1) 每个月的水果销量汇总，可以用矩阵的加法。

(2) 找回丢失的销售记录，可以用矩阵的减法。

(3) 打折促销、预计水果损耗量，可以用数和矩阵的乘法。

(4) 采购水果、市场占有率预测，可以用矩阵和矩阵的乘法。

3.1 用矩阵加法计算总销量

阿明是某个城市两家水果店的老板。作为店老板,他要全面掌握两家水果店的周采购额、周营业额、每一品类水果的销量等经营过程中的各类数据。

3.1.1 总销量计算问题

每个月月底,阿明要整理当月各类水果的总销量,并进一步计算总支出、总收入。3月底,他收到两个店的店长报上来的数据,如表3.1和表3.2所示。

表3.1　一分店3月水果销量

时间	水果销量				
	草莓/千克	芒果/千克	香蕉/千克	苹果/千克	橙子/千克
第一周	25	36	83	74	50
第二周	23	32	88	82	53
第三周	26	38	76	78	45
第四周	30	30	87	85	55

表3.2　二分店3月水果销量

时间	水果销量				
	草莓/千克	芒果/千克	香蕉/千克	苹果/千克	橙子/千克
第一周	24	33	80	78	49
第二周	20	34	84	80	51
第三周	23	35	74	73	47
第四周	32	28	90	75	53

我们已经知道数字表格可以简写为矩阵。所以,要计算这两家水果店的本月每一周各类水果的总销量,只需要把两个表格中相同位置的数字加起来就可以了。阿明学过一些线性代数的知识,所以他决定按照下面的格式表示每个店每月销量数据的矩阵。

$$
\begin{array}{c}
\quad\quad\text{草莓}\;\;\text{芒果}\;\;\text{香蕉}\;\;\text{苹果}\;\;\text{橙子} \\
\quad\quad\downarrow\quad\;\;\downarrow\quad\;\;\downarrow\quad\;\;\downarrow\quad\;\;\downarrow \\
\begin{array}{c}
\text{第一周}\rightarrow \\
\text{第二周}\rightarrow \\
\text{第三周}\rightarrow \\
\text{第四周}\rightarrow
\end{array}
\begin{bmatrix}
a_{11} & a_{12} & a_{13} & a_{14} & a_{15} \\
a_{21} & a_{22} & a_{23} & a_{24} & a_{25} \\
a_{31} & a_{32} & a_{33} & a_{34} & a_{35} \\
a_{41} & a_{42} & a_{43} & a_{44} & a_{45}
\end{bmatrix}
\end{array}
$$

因此,一分店和二分店本月销售详情可分别用矩阵

$$A = \begin{bmatrix} 25 & 36 & 83 & 74 & 50 \\ 23 & 32 & 88 & 82 & 53 \\ 26 & 38 & 76 & 78 & 45 \\ 30 & 30 & 87 & 85 & 55 \end{bmatrix}, B = \begin{bmatrix} 24 & 33 & 80 & 78 & 49 \\ 20 & 34 & 84 & 80 & 51 \\ 23 & 35 & 74 & 73 & 47 \\ 32 & 28 & 90 & 75 & 53 \end{bmatrix}$$

表示。

因为矩阵 A 和 B 相同位置的数字表达的是两个分店同一周、同一种水果的销量,所以把这两个数字加起来,就得到了这一周这种水果的总销量。于是,3月每一周各类水果的总销量就可以用一个新

的矩阵 $\begin{bmatrix} 25+24 & 36+33 & 83+80 & 74+78 & 50+49 \\ 23+20 & 32+34 & 88+84 & 82+80 & 53+51 \\ 26+23 & 38+35 & 76+74 & 78+73 & 45+47 \\ 30+32 & 30+28 & 87+90 & 85+75 & 55+53 \end{bmatrix}$ 表示。

两个相同行数、列数的矩阵,"相同位置上的数字相加得到新的矩阵"的运算过程其实就是矩阵的加法,运算的结果叫作两个矩阵的和。我们用实数加法的符号"+"来表示矩阵的加法,所以矩阵 A 和矩阵 B 的和记为 A + B,即

$$A + B = \begin{bmatrix} 49 & 69 & 163 & 152 & 99 \\ 43 & 66 & 172 & 162 & 104 \\ 49 & 73 & 150 & 151 & 92 \\ 62 & 58 & 177 & 160 & 108 \end{bmatrix}$$

3.1.2　矩阵的加法不能随便做

阿明发现,用矩阵加法计算总销量非常方便。于是,他计划以后都按照这种方式计算总销量。4月底,一分店报上来的数据如表3.3所示。

表3.3　一分店4月水果销量

时间	水果销量				
	草莓/千克	芒果/千克	香蕉/千克	苹果/千克	橙子/千克
第一周	18	35	80	73	48
第二周	17	31	82	80	55
第三周	10	35	73	73	40
第四周	10	20	80	84	50

二分店由于扩大店面需要重新装修,第四周临时关店装修,没有销售数据。因此,二分店报上来的数据如表3.4所示。

表3.4　二分店4月水果销量

时间	水果销量				
	草莓/千克	芒果/千克	香蕉/千克	苹果/千克	橙子/千克
第一周	20	45	89	88	59
第二周	22	44	90	90	61
第三周	23	40	84	93	57

这两个店的销量按照矩阵的形式写出来就是：

$$A = \begin{bmatrix} 18 & 35 & 80 & 73 & 48 \\ 17 & 31 & 82 & 80 & 55 \\ 10 & 35 & 73 & 73 & 40 \\ 10 & 20 & 80 & 84 & 50 \end{bmatrix}, B = \begin{bmatrix} 20 & 45 & 89 & 88 & 59 \\ 22 & 44 & 90 & 90 & 61 \\ 23 & 40 & 84 & 93 & 57 \end{bmatrix}$$

问题来了：按照"相同位置上的数字相加"的原则，矩阵A和矩阵B没有办法实施矩阵加法。这是因为二分店只有4月前三周的销售数据，因此矩阵B只有三行。为了能够用矩阵加法进行运算，阿明把表3.4第四周的数据补齐，得到矩阵

$$B = \begin{bmatrix} 20 & 45 & 89 & 88 & 59 \\ 22 & 44 & 90 & 90 & 61 \\ 23 & 40 & 84 & 93 & 57 \\ 0 & 0 & 0 & 0 & 0 \end{bmatrix}$$

这样，矩阵A和矩阵B具有相同的行数和列数，就可以进行加法运算了。接下来，阿明就可以计算4月每一周各类水果的总销量了：

$$A + B = \begin{bmatrix} 18+20 & 35+45 & 80+89 & 73+88 & 48+59 \\ 17+22 & 31+44 & 82+90 & 80+90 & 55+61 \\ 10+23 & 35+40 & 73+84 & 73+93 & 40+57 \\ 10+0 & 20+0 & 80+0 & 84+0 & 50+0 \end{bmatrix}$$

通过这两个月的总销量计算，阿明记住了矩阵加法运算需要遵循以下两个原则。

(1)只有当两个矩阵有相同的行数和列数，它们才能进行矩阵加法运算。

(2)对两个具有相同行数和列数的矩阵进行矩阵加法运算，就是把相同位置上的数字相加。

用数学符号语言来说，设矩阵A, B都是n行m列的矩阵：

$$A = \begin{bmatrix} a_{11} & a_{12} & \cdots & a_{1m} \\ a_{21} & a_{22} & \cdots & a_{2m} \\ \vdots & \vdots & \ddots & \vdots \\ a_{n1} & a_{n2} & \cdots & a_{nm} \end{bmatrix}, B = \begin{bmatrix} b_{11} & b_{12} & \cdots & b_{1m} \\ b_{21} & b_{22} & \cdots & b_{2m} \\ \vdots & \vdots & \ddots & \vdots \\ b_{n1} & b_{n2} & \cdots & b_{nm} \end{bmatrix}$$

则矩阵A和矩阵B的和矩阵为

$$A + B = \begin{bmatrix} a_{11} + b_{11} & a_{12} + b_{12} & \cdots & a_{1m} + b_{1m} \\ a_{21} + b_{21} & a_{22} + b_{22} & \cdots & a_{2m} + b_{2m} \\ \vdots & \vdots & \ddots & \vdots \\ a_{n1} + b_{n1} & a_{n2} + b_{n2} & \cdots & a_{nm} + b_{nm} \end{bmatrix}$$

3.1.3 用矩阵的减法找回丢失的报表

利用矩阵的加法运算,阿明对这两家店的销量汇总做得得心应手。但是这天,他又遇到了新问题:上个月他做完销量汇总,不小心把一分店的销量报表删除了,他只有月总销量表和二分店的销量表。按照给定的格式,这两个数表写成矩阵分别为

$$A = \begin{bmatrix} 30 & 79 & 163 & 162 & 93 \\ 33 & 86 & 158 & 176 & 98 \\ 29 & 73 & 160 & 149 & 91 \\ 22 & 68 & 187 & 163 & 102 \end{bmatrix}, B = \begin{bmatrix} 18 & 45 & 83 & 75 & 58 \\ 17 & 41 & 80 & 84 & 50 \\ 15 & 45 & 78 & 77 & 43 \\ 12 & 30 & 85 & 82 & 51 \end{bmatrix}$$

现在,阿明想找回一分店的销售数据矩阵 C,应该怎么办呢? 你一定也想到了,只需要将总销量矩阵 A 的每一个数字减去矩阵 B 相同位置的数字,就是一分店的销售数据矩阵 C 相同位置的数字了!这就是矩阵的减法,与矩阵的加法使用实数加法的符号"+"一样,我们用实数减法的符号"−"来表示矩阵的减法,所以矩阵 A 和矩阵 B 的差记为 $A - B$,即

$$A - B = \begin{bmatrix} 30 - 18 & 79 - 45 & 163 - 83 & 162 - 75 & 93 - 58 \\ 33 - 17 & 86 - 41 & 158 - 80 & 176 - 84 & 98 - 50 \\ 29 - 15 & 73 - 45 & 160 - 78 & 149 - 77 & 91 - 43 \\ 22 - 12 & 68 - 30 & 187 - 85 & 163 - 82 & 102 - 51 \end{bmatrix}$$

与矩阵加法类似,矩阵减法运算需要遵循以下两个原则。

(1)只有当两个矩阵有相同的规格(行数和列数)时,它们才能进行矩阵减法运算。

(2)对两个具有相同规格的矩阵进行矩阵减法运算,就是把相同位置上的数字相减。

用数学符号语言来说,设矩阵 A, B 都是 n 行 m 列的矩阵:

$$A = \begin{bmatrix} a_{11} & a_{12} & \cdots & a_{1m} \\ a_{21} & a_{22} & \cdots & a_{2m} \\ \vdots & \vdots & \ddots & \vdots \\ a_{n1} & a_{n2} & \cdots & a_{nm} \end{bmatrix}, B = \begin{bmatrix} b_{11} & b_{12} & \cdots & b_{1m} \\ b_{21} & b_{22} & \cdots & b_{2m} \\ \vdots & \vdots & \ddots & \vdots \\ b_{n1} & b_{n2} & \cdots & b_{nm} \end{bmatrix}$$

则矩阵 A 和矩阵 B 的差矩阵为

$$A - B = \begin{bmatrix} a_{11} - b_{11} & a_{12} - b_{12} & \cdots & a_{1m} - b_{1m} \\ a_{21} - b_{21} & a_{22} - b_{22} & \cdots & a_{2m} - b_{2m} \\ \vdots & \vdots & \ddots & \vdots \\ a_{n1} - b_{n1} & a_{n2} - b_{n2} & \cdots & a_{nm} - b_{nm} \end{bmatrix}$$

总的来说,矩阵的加、减法运算,其实就是两组相同行数、列数的数表,对应位置上的数字相加、减,得到一个新数表的运算。

3.1.4　矩阵的加、减法与实数的加、减法

让我们将矩阵的加、减法和实数的加、减法做一个比较，看看有什么相同的地方，又有什么不同的地方。

（1）并不是任意两个矩阵都可以进行加、减法运算，只有规格相同的矩阵才可以进行加、减法运算，这可能是矩阵加、减法和实数加、减法最大的区别。实数的加、减法，任意两个实数都可以进行加、减法运算。不过，一个数其实可以理解为一个只有一行一列的数表，从这个角度出发，矩阵的加、减法就是实数加、减法的一个扩展。

（2）数的加法满足交换律、结合律。那么，请问矩阵的加法满足这两个运算律吗？矩阵的加法，是两组按照一定规律排列的数做加法。如表3.5所示，矩阵的加法满足交换律、结合律。

表3.5　数的加法和矩阵的加法的运算律比较

运算律	数的加法	矩阵的加法
交换律	$a + b = b + a$	$A + B = B + A$
结合律	$(a + b) + c = a + (b + c)$	$(A + B) + C = A + (B + C)$

（3）两个实数相加、减，它们的和、差还是实数。在这一点上，矩阵运算是类似的：两个 n 行 m 列的矩阵相加、减，它们的和、差矩阵也还是一个 n 行 m 列的矩阵。这个性质叫作"矩阵加（减）法运算的封闭性"。

（4）数字0和零矩阵。如果我们继续将矩阵加法和实数加法相类比，一定会想到有一个非常特殊的实数，任何实数加上这个数，值都不变，任何实数减去它本身，都等于这个数，这个数就是0。矩阵中也有具有这样性质的矩阵：两个 n 行 m 列的矩阵 A 和 B，如果矩阵 B 的每一个数字都为0，那么这两个式子 $A + B = A, A - A = B$ 总成立。我们称一个所有数字都是0的 n 行 m 列的矩阵叫作 n 行 m 列的零矩阵（$n \times m$ 零矩阵）。

需要注意的是，实数只有一个数字0，零矩阵却有很多个，比如2行2列的零矩阵 $\begin{bmatrix} 0 & 0 \\ 0 & 0 \end{bmatrix}$、3行1列的零矩阵 $\begin{bmatrix} 0 \\ 0 \\ 0 \end{bmatrix}$ 等。显而易见，行数和列数不一样的零矩阵具有不同的格式，是不相等的。所以，为了区别这些零矩阵，我们给数字0加下标，表示这个零矩阵的行数和列数，例如，$\mathbf{0}_{2 \times 2} = \begin{bmatrix} 0 & 0 \\ 0 & 0 \end{bmatrix}$，$\mathbf{0}_{3 \times 1} = \begin{bmatrix} 0 \\ 0 \\ 0 \end{bmatrix}$。

有了矩阵的减法和零矩阵的概念，我们就可以定义两个矩阵的相等关系了：如果两个矩阵 A，B 的差矩阵为零矩阵，则矩阵 A，B 相等。从这个关系我们知道，矩阵的相等，要满足两个要素：两个矩阵要有相同的规格——两个矩阵有相同的行数和列数；相同位置的数字相等。

3.1.5 幻方矩阵的加法

在第2章中,我们介绍了幻方矩阵:用数字$1,2,\cdots,n^2$组成一个n阶方阵,使每一行元素之和、每一列元素之和、对角线上的元素之和都相等。现在,我们将幻方矩阵的定义进行拓展,给出下面的定义。

如果一个由整数组成的n阶方阵满足:每一行元素之和、每一列元素之和、主对角线上的元素之和、副对角线上的元素之和都相等,就称这个方阵是一个n阶幻方矩阵。由数字$1,2,\cdots,n^2$组成的n阶幻方矩阵称为经典幻方矩阵。

以第2章图2.12中的两个幻方矩阵$\begin{bmatrix} 6 & 1 & 8 \\ 7 & 5 & 3 \\ 2 & 9 & 4 \end{bmatrix}$和$\begin{bmatrix} 6 & 7 & 2 \\ 1 & 5 & 9 \\ 8 & 3 & 4 \end{bmatrix}$为例,我们来分析一下,这两个矩阵的和矩阵是不是幻方矩阵? 因为

$$\begin{bmatrix} 6 & 1 & 8 \\ 7 & 5 & 3 \\ 2 & 9 & 4 \end{bmatrix} + \begin{bmatrix} 6 & 7 & 2 \\ 1 & 5 & 9 \\ 8 & 3 & 4 \end{bmatrix} = \begin{bmatrix} 12 & 8 & 10 \\ 8 & 10 & 12 \\ 10 & 12 & 8 \end{bmatrix}$$

我们发现,这个和矩阵的每一行、每一列、对角线都由三个数字组成:$8,10,12$,因此它们的和是相等的。所以,这两个幻方矩阵的和也是一个幻方矩阵。你可能会好奇,这两个矩阵都出自"洛书",是不是因为它们太特殊了,才有这样的性质呢?

我们再找一个例子来验证一下。按照幻方矩阵的定义,我们发现,2.5.1小节中所介绍的拉丁方阵$\begin{bmatrix} 1 & 2 & 3 \\ 2 & 3 & 1 \\ 3 & 1 & 2 \end{bmatrix}$也是一个幻方矩阵。现在,我们来计算一下拉丁方阵$\begin{bmatrix} 1 & 2 & 3 \\ 2 & 3 & 1 \\ 3 & 1 & 2 \end{bmatrix}$和洛书方阵$\begin{bmatrix} 6 & 1 & 8 \\ 7 & 5 & 3 \\ 2 & 9 & 4 \end{bmatrix}$的和矩阵。观察矩阵加法

$$\begin{bmatrix} 1 & 2 & 3 \\ 2 & 3 & 1 \\ 3 & 1 & 2 \end{bmatrix} + \begin{bmatrix} 6 & 1 & 8 \\ 7 & 5 & 3 \\ 2 & 9 & 4 \end{bmatrix} = \begin{bmatrix} 7 & 3 & 11 \\ 9 & 8 & 4 \\ 5 & 10 & 6 \end{bmatrix}$$

我们发现,和矩阵$\begin{bmatrix} 7 & 3 & 11 \\ 9 & 8 & 4 \\ 5 & 10 & 6 \end{bmatrix}$是由数字$3,4,5,6,7,8,9,10,11$组成的矩阵,并且每一行之和、每一列之和、对角线之和都等于21。因此,矩阵$\begin{bmatrix} 7 & 3 & 11 \\ 9 & 8 & 4 \\ 5 & 10 & 6 \end{bmatrix}$是一个幻方矩阵。

让我们来了解一下洛书中记载的经典幻方矩阵$\begin{bmatrix} 4 & 9 & 2 \\ 3 & 5 & 7 \\ 8 & 1 & 6 \end{bmatrix}$和拉丁方阵$\begin{bmatrix} 1 & 3 & 2 \\ 3 & 2 & 1 \\ 2 & 1 & 3 \end{bmatrix}$之间的内在联系。请你计算一下

$$\begin{bmatrix} 4 & 9 & 2 \\ 3 & 5 & 7 \\ 8 & 1 & 6 \end{bmatrix} - \begin{bmatrix} 1 & 3 & 2 \\ 3 & 2 & 1 \\ 2 & 1 & 3 \end{bmatrix} = \begin{bmatrix} & & \\ & & \\ & & \end{bmatrix}$$

如果你没有算错,得到的结果应该是 $\begin{bmatrix} 3 & 6 & 0 \\ 0 & 3 & 6 \\ 6 & 0 & 3 \end{bmatrix}$,这是一个由数字0,3,6组成的幻方矩阵。

实际上,任何两个同阶的幻方矩阵的和矩阵依然是一个幻方矩阵。这个结论非常容易证明,请你来试一试。

 ## 3.2 用数乘矩阵解决销量、损耗量问题

3.2.1 利用数与矩阵的乘法运算制订销量计划

为了使水果店的生意更上一层楼,阿明决定给两个分店下达下个月的销售目标:下个月的销量要比这个月增长5%。这个月,一分店和二分店的销售数据如表3.6所示。

表3.6 阿明水果店本月各分店销量

分店	水果销量				
	草莓/千克	芒果/千克	香蕉/千克	苹果/千克	橙子/千克
一分店	55	120	320	332	178
二分店	70	138	340	354	189

阿明按照

$$\begin{matrix} & 草莓 & 芒果 & 香蕉 & 苹果 & 橙子 \\ & \downarrow & \downarrow & \downarrow & \downarrow & \downarrow \\ 一分店 \rightarrow & \begin{bmatrix} a_{11} & a_{12} & a_{13} & a_{14} & a_{15} \\ a_{21} & a_{22} & a_{23} & a_{24} & a_{25} \end{bmatrix} \end{matrix}$$

的格式记录这个数表,就得到矩阵 $A = \begin{bmatrix} 55 & 120 & 320 & 332 & 178 \\ 70 & 138 & 340 & 354 & 189 \end{bmatrix}$。于是,阿明这样计算下个月两个

分店各类水果的销售目标:将矩阵 A 每一个位置的数乘1.05:

$$B = \begin{bmatrix} 55 \times 1.05 & 120 \times 1.05 & 320 \times 1.05 & 332 \times 1.05 & 178 \times 1.05 \\ 70 \times 1.05 & 138 \times 1.05 & 340 \times 1.05 & 354 \times 1.05 & 189 \times 1.05 \end{bmatrix}$$

阿明所做的就是数与矩阵的乘法运算。具体来说,就是将矩阵的每一个位置的数字都乘同一个数字,得到一个新的矩阵。

用数学符号来描述数乘矩阵的运算：实数 k 和矩阵 $A = \begin{bmatrix} a_{11} & a_{12} & \cdots & a_{1m} \\ a_{21} & a_{22} & \cdots & a_{2m} \\ \vdots & \vdots & \ddots & \vdots \\ a_{n1} & a_{n2} & \cdots & a_{nm} \end{bmatrix}$ 的数乘记为 $kA =$

$\begin{bmatrix} ka_{11} & ka_{12} & \cdots & ka_{1m} \\ ka_{21} & ka_{22} & \cdots & ka_{2m} \\ \vdots & \vdots & \ddots & \vdots \\ ka_{n1} & ka_{n2} & \cdots & ka_{nm} \end{bmatrix}$。

数乘运算，可以看成把一个矩阵中的每一个数同时放大(缩小)同样的倍数。

3.2.2　促销打折、水果损耗量计算中的矩阵运算

10月5日是阿明水果店的店庆日，所有商品85折销售。两个分店的在售水果的10月4日的售价(元/千克)如表3.7所示。

表3.7　各类水果今日售价

水果类别	一分店售价/(元/千克)	二分店售价/(元/千克)
草莓	20	22
芒果	13	15
香蕉	5	6
苹果	7	8
橙子	10	12

阿明用矩阵 $\begin{bmatrix} 20 & 22 \\ 13 & 15 \\ 5 & 6 \\ 7 & 8 \\ 10 & 12 \end{bmatrix}$ 表示表3.7中的数据，则10月5日要销售的水果价格应该为

$$0.85 \times \begin{bmatrix} 20 & 22 \\ 13 & 15 \\ 5 & 6 \\ 7 & 8 \\ 10 & 12 \end{bmatrix} = \begin{bmatrix} 0.85 \times 20 & 0.85 \times 22 \\ 0.85 \times 13 & 0.85 \times 15 \\ 0.85 \times 5 & 0.85 \times 6 \\ 0.85 \times 7 & 0.85 \times 8 \\ 0.85 \times 10 & 0.85 \times 12 \end{bmatrix}$$

除用数乘矩阵运算计算打折价格外，阿明还可以用矩阵的数乘预估各类水果的损耗量。这周阿明为两个分店配货的详细情况如表3.8所示。

表3.8　两个分店配货的详细情况

分店	草莓/千克	芒果/千克	香蕉/千克	苹果/千克	橙子/千克
一分店	60	128	326	340	184
二分店	70	142	348	362	198

根据以往的经验,阿明预计每次配货量的5%将因质量问题无法销售。那么,我们就可以利用矩阵的数乘运算来预估每个分店每种水果的损耗量。如果用矩阵 $\begin{bmatrix} 60 & 128 & 326 & 340 & 184 \\ 70 & 142 & 348 & 362 & 198 \end{bmatrix}$ 表示表3.8中的数据,则各类水果的损耗估计为

$$0.05 \times \begin{bmatrix} 60 & 128 & 326 & 340 & 184 \\ 70 & 142 & 348 & 362 & 198 \end{bmatrix}$$

想一想,矩阵的数乘还可以用在什么地方呢?

3.2.3 数乘矩阵的进一步探究

也许你会觉得,既然有数与矩阵的乘法,是不是也应该有数与矩阵的除法?

我们知道,一个数 a 除以一个不等于0的数 k,也可以看作是数 a 和数 $1/k$ 的乘积。例如,$10 \div 2 = 10 \times 1/2$。同样的道理,矩阵 $\begin{bmatrix} 60 & 128 \\ 70 & 142 \end{bmatrix}$ 除以2也可以看作矩阵 $\begin{bmatrix} 60 & 128 \\ 70 & 142 \end{bmatrix}$ 乘1/2:

$$\begin{bmatrix} 60 & 128 \\ 70 & 142 \end{bmatrix} \div 2 = \begin{bmatrix} 60 & 128 \\ 70 & 142 \end{bmatrix} \times 1/2$$

也就是说,一个矩阵中的每一个数字除以同一个不等于0的数 k,也可以看作每一个数字乘这个数的倒数 $1/k$,即

$$\frac{\boldsymbol{A}}{k} = \begin{bmatrix} a_{11}/k & a_{12}/k & \cdots & a_{1m}/k \\ a_{21}/k & a_{22}/k & \cdots & a_{2m}/k \\ \vdots & \vdots & \ddots & \vdots \\ a_{n1}/k & a_{n2}/k & \cdots & a_{nm}/k \end{bmatrix}$$

因此,数和矩阵的除法,本质上还是数和矩阵的数乘运算,就没有必要专门定义了。

我们把数 a 和 -1 的乘积记为"$-a$",称为数 a 的相反数。例如,2的相反数是-2,-1的相反数是1。

如果我们把矩阵 $\boldsymbol{B} = \begin{bmatrix} b_{11} & b_{12} & \cdots & b_{1m} \\ b_{21} & b_{22} & \cdots & b_{2m} \\ \vdots & \vdots & \ddots & \vdots \\ b_{n1} & b_{n2} & \cdots & b_{nm} \end{bmatrix}$ 中的每一个数字都乘-1变成这个数字的相反数,我们就得到

矩阵 $\begin{bmatrix} -b_{11} & -b_{12} & \cdots & -b_{1m} \\ -b_{21} & -b_{22} & \cdots & -b_{2m} \\ \vdots & \vdots & \ddots & \vdots \\ -b_{n1} & -b_{n2} & \cdots & -b_{nm} \end{bmatrix}$。这个矩阵其实是数"-1"和矩阵 $\boldsymbol{B}$ 相乘得到的,我们把它叫作矩阵 $\boldsymbol{B}$ 的

负矩阵,记为 $-\boldsymbol{B}$。

例如,矩阵 $\begin{bmatrix} 60 & 128 \\ 70 & 142 \end{bmatrix}$ 的负矩阵为 $\begin{bmatrix} -60 & -128 \\ -70 & -142 \end{bmatrix}$。

需要注意的是,负矩阵的概念和相反数的概念是可以类比理解的。

(1)一个数乘-1就得到了它的相反数,一个矩阵乘-1就得到了它的负矩阵。相反数不一定是负数,比如-2的相反数就是2。负矩阵也不是指由负数组成的矩阵,而是一个矩阵中所有元素的相反数

组成的矩阵,比如矩阵$\begin{bmatrix} -6 & -12 \\ -5 & -3 \end{bmatrix}$的负矩阵为$\begin{bmatrix} 6 & 12 \\ 5 & 3 \end{bmatrix}$。

(2)数a和它的相反数的和为0。一个矩阵和它的负矩阵相加,等于同样规格的零矩阵。比如,上面的例子中,$\begin{bmatrix} -6 & -12 \\ -5 & -3 \end{bmatrix} + \begin{bmatrix} 6 & 12 \\ 5 & 3 \end{bmatrix} = \begin{bmatrix} 0 & 0 \\ 0 & 0 \end{bmatrix}$。

有了矩阵的负矩阵的概念,矩阵A和矩阵B的减法运算,可以看成矩阵A和矩阵$-B$的加法运算,也就是说,$A - B = A + (-B)$。所以,矩阵的减法本质上是矩阵加法和数乘矩阵的混合运算。

3.2.4 数乘矩阵运算的运算规律

我们上小学时就学过数的乘法满足交换律、结合律的运算规律。数和矩阵的乘法其实是一个数字和一组数字依次相乘,数和矩阵的乘法具有与数的乘法类似的运算律,我们在表3.9中对这两个乘法的运算律进行比较。

表3.9 数的乘法与数和矩阵的乘法的运算律比较

运算律	数的乘法	数和矩阵的乘法
交换律	$ab = ba$	$kA = Ak$
结合律	$(ab)c = a(bc)$	$(ks)A = k(sA)$

然后,让我们比较一下数的加法、乘法运算与矩阵加法、数乘矩阵运算的关系。

1. 数的乘法的概念是从同一个数字连续相加扩展而来的

比如,3个a相加,可以写成$3 \times a$(通常会将"$\times$"省略写成$3a$),即$a + a + a = 3a$。那么,按照这个理解,3个矩阵A相加,是不是可以写成$3A$(省略"$\times$")呢?只要明白矩阵加法的本质,我们就知道答案是可以。例如,3个$\begin{bmatrix} 60 & 128 \\ 70 & 142 \end{bmatrix}$相加的运算可以这样进行:

$$\begin{bmatrix} 60 & 128 \\ 70 & 142 \end{bmatrix} + \begin{bmatrix} 60 & 128 \\ 70 & 142 \end{bmatrix} + \begin{bmatrix} 60 & 128 \\ 70 & 142 \end{bmatrix} = \begin{bmatrix} 60 + 60 + 60 & 128 + 128 + 128 \\ 70 + 70 + 70 & 142 + 142 + 142 \end{bmatrix}$$

$$= \begin{bmatrix} 3 \times 60 & 3 \times 128 \\ 3 \times 70 & 3 \times 142 \end{bmatrix}$$

$$= 3 \begin{bmatrix} 60 & 128 \\ 70 & 142 \end{bmatrix}$$

2. 数乘矩阵运算也满足分配律

如表3.10所示,对于矩阵运算来说,矩阵分配律表现为以下两个方面。

表3.10 分配律的比较

数的乘法的分配律	数乘矩阵的分配律
$a(b + c) = ab + ac$	$k(A + B) = kA + kB$
	$(k + s)A = kA + sA$

（1）$k(A + B) = kA + kB$，即一个数乘两个矩阵的和矩阵等于这个数分别乘这两个矩阵，再求和矩阵。例如：

$$3\left(\begin{bmatrix} 6 & 12 \\ 5 & 3 \end{bmatrix} + \begin{bmatrix} 1 & 1 \\ 0 & -1 \end{bmatrix}\right) = 3\begin{bmatrix} 6+1 & 12+1 \\ 5+0 & 3-1 \end{bmatrix}$$

$$= \begin{bmatrix} 3\times(6+1) & 3\times(12+1) \\ 3\times(5+0) & 3\times(3-1) \end{bmatrix}$$

$$= \begin{bmatrix} 3\times6+3\times1 & 3\times12+3\times1 \\ 3\times5+3\times0 & 3\times3+3\times(-1) \end{bmatrix}$$

$$= \begin{bmatrix} 3\times6 & 3\times12 \\ 3\times5 & 3\times3 \end{bmatrix} + \begin{bmatrix} 3\times1 & 3\times1 \\ 3\times0 & 3\times(-1) \end{bmatrix}$$

$$= 3\begin{bmatrix} 6 & 12 \\ 5 & 3 \end{bmatrix} + 3\begin{bmatrix} 1 & 1 \\ 0 & -1 \end{bmatrix}$$

（2）$(k + s)A = kA + sA$，即两个数的和乘一个矩阵等于这两个数分别乘这个矩阵，再求所得两个矩阵的和。例如：

$$(3+4)\begin{bmatrix} 6 & 12 \\ 5 & 3 \end{bmatrix} = \begin{bmatrix} (3+4)\times6 & (3+4)\times12 \\ (3+4)\times5 & (3+4)\times3 \end{bmatrix}$$

$$= \begin{bmatrix} 3\times6+4\times6 & 3\times12+4\times12 \\ 3\times5+4\times5 & 3\times3+4\times3 \end{bmatrix}$$

$$= \begin{bmatrix} 3\times6 & 3\times12 \\ 3\times5 & 3\times3 \end{bmatrix} + \begin{bmatrix} 4\times6 & 4\times12 \\ 4\times5 & 4\times3 \end{bmatrix}$$

$$= 3\begin{bmatrix} 6 & 12 \\ 5 & 3 \end{bmatrix} + 4\begin{bmatrix} 6 & 12 \\ 5 & 3 \end{bmatrix}$$

为什么数乘矩阵运算满足分配律呢？以 $3\left(\begin{bmatrix} 6 & 12 \\ 5 & 3 \end{bmatrix} + \begin{bmatrix} 1 & 1 \\ 0 & -1 \end{bmatrix}\right)$ 为例，所得结果矩阵的第一行第一列位置上其实是要计算 $3\times(6+1)$，而这个算式是服从分配律的，其他每一行每一列位置上都是类似的算式，也都服从分配律，所以 $3\left(\begin{bmatrix} 6 & 12 \\ 5 & 3 \end{bmatrix} + \begin{bmatrix} 1 & 1 \\ 0 & -1 \end{bmatrix}\right)$ 就服从分配律。

下面我们就来看看矩阵运算规律的应用吧！回到本章第一节，阿明的两个水果店3月各周水果销量数据分别为矩阵

$$A = \begin{bmatrix} 25 & 36 & 83 & 74 & 50 \\ 23 & 32 & 88 & 82 & 53 \\ 26 & 38 & 76 & 78 & 45 \\ 30 & 30 & 87 & 85 & 55 \end{bmatrix}, B = \begin{bmatrix} 24 & 33 & 80 & 78 & 49 \\ 20 & 34 & 84 & 80 & 51 \\ 23 & 35 & 74 & 73 & 47 \\ 32 & 28 & 90 & 75 & 53 \end{bmatrix}$$

如果阿明想知道每一周两个分店的平均销量，则有以下两种计算方法。

（1）$\dfrac{(A + B)}{2}$：先计算矩阵 A 和矩阵 B 的和矩阵 $A + B$，再做数 1/2 和矩阵 $A + B$ 的乘法。

（2）$A/2 + B/2$：先分别计算数 $1/2$ 和矩阵 A,B 的乘积，再求所得两个矩阵 $A/2$ 与 $B/2$ 的和。

你可以自己验证一下，两种计算方法的结果一定是一样的。

3.2.5　幻方矩阵的数乘

在 3.1.5 小节中，我们已经拓展了幻方矩阵的定义。现在，让我们来思考一下，一个整数乘一个幻方矩阵，所得的结果是不是幻方矩阵呢？

我们先找一个具体的例子算一算，还是用洛书中记载的经典幻方矩阵 $\begin{bmatrix} 4 & 9 & 2 \\ 3 & 5 & 7 \\ 8 & 1 & 6 \end{bmatrix}$ 来试一试。请你

计算：

$$2\begin{bmatrix} 4 & 9 & 2 \\ 3 & 5 & 7 \\ 8 & 1 & 6 \end{bmatrix} = \begin{bmatrix} & & \\ & & \\ & & \end{bmatrix}$$

如果你没有算错，计算结果应该是 $\begin{bmatrix} 8 & 18 & 4 \\ 6 & 10 & 14 \\ 16 & 2 & 12 \end{bmatrix}$。显然，这是一个由 $2,4,6,8,10,12,14,16,18$

这 9 个偶数组成的幻方矩阵。

你也可以再试一试拉丁方阵 $\begin{bmatrix} 1 & 3 & 2 \\ 3 & 2 & 1 \\ 2 & 1 & 3 \end{bmatrix}$。请你计算 $3\begin{bmatrix} 1 & 3 & 2 \\ 3 & 2 & 1 \\ 2 & 1 & 3 \end{bmatrix}$，并验证结果是不是一个幻方

矩阵。

答案是肯定的。利用简单的数学证明，我们可以得到，一个整数乘一个幻方矩阵所得到的矩阵依然是一个幻方矩阵。

3.3　用矩阵乘法进行更复杂的经营管理

3.3.1　阿明的精品水果礼盒业务

通过矩阵的加法和数乘矩阵运算，阿明很好地解决了诸如销量汇总、打折促销计划、损耗水果估计等经营管理问题，生意蒸蒸日上。最近，阿明计划开展精品水果礼盒业务，经过详细的市场调研，阿明与一家精品水果批发公司签了合同，从这家企业采购上述精品水果礼盒。这家企业的报价如表 3.11 所示。

表3.11 精品水果礼盒的进货单价

礼盒名称	单价/(元/件)	包装费/(元/件)
车厘子礼盒	238	4
泰国山竹礼盒	128	5
精品水果混搭礼盒	188	8

两个分店也分别上报了下一周的采购计划,如表3.12所示。

表3.12 精品水果礼盒的采购计划

分店	车厘子礼盒/件	泰国山竹礼盒/件	精品水果混搭礼盒/件
一分店	20	15	18
二分店	22	18	20

接下来,阿明需要计算支付给批发公司的总货款。即使是小学生,也知道这个问题不难算,只要将对应水果的数量和价格相乘,再相加就行了。所以,阿明就得到了表3.13。

表3.13 精品水果礼盒货款

分店	水果总价/元	包装费总价/元
一分店	$20 \times 238 + 15 \times 128 + 18 \times 188 = 10064$	$20 \times 4 + 15 \times 5 + 18 \times 8 = 299$
二分店	$22 \times 238 + 18 \times 128 + 20 \times 188 = 11300$	$22 \times 4 + 18 \times 5 + 20 \times 8 = 338$

3.3.2 用矩阵乘矩阵算账

阿明发现,表3.12中的数据可以写成矩阵 $A = \begin{bmatrix} 20 & 15 & 18 \\ 22 & 18 & 20 \end{bmatrix}$,表3.11中的数据可以写成矩阵 $B = \begin{bmatrix} 238 & 4 \\ 128 & 5 \\ 188 & 8 \end{bmatrix}$,而表3.13就是这两个矩阵的元素先求乘积再相加得到的。如果把表3.13中的数据也写成

矩阵,就得到 $C = \begin{bmatrix} 10064 & 299 \\ 11300 & 338 \end{bmatrix}$。回想起大学学过的线性代数课程,阿明发现矩阵 C 其实就是矩阵 A 和矩阵 B 的乘积。

阿明找出他的线性代数课本,找到关于矩阵乘法的定义。

定义 $n \times s$ 矩阵 $A = \begin{bmatrix} a_{11} & a_{12} & \cdots & a_{1s} \\ a_{21} & a_{22} & \cdots & a_{2s} \\ \vdots & \vdots & \ddots & \vdots \\ a_{n1} & a_{n2} & \cdots & a_{ns} \end{bmatrix}$ 和 $s \times m$ 矩阵 $B = \begin{bmatrix} b_{11} & b_{12} & \cdots & b_{1m} \\ b_{21} & b_{22} & \cdots & b_{2m} \\ \vdots & \vdots & \ddots & \vdots \\ b_{s1} & b_{s2} & \cdots & b_{sm} \end{bmatrix}$ 的乘积记为 $A \times B$

(又记为 AB)。矩阵 AB 是一个 $n \times m$ 的矩阵,它的第 i 行第 j 列元素为

$$a_{i1}b_{1j} + a_{i2}b_{2j} + \cdots + a_{is}b_{sj}$$

这下阿明明白了,利用表3.11和表3.12计算表3.13的过程其实就是矩阵 $A = \begin{bmatrix} 20 & 15 & 18 \\ 22 & 18 & 20 \end{bmatrix}$ 和矩

阵 $B = \begin{bmatrix} 238 & 4 \\ 128 & 5 \\ 188 & 8 \end{bmatrix}$ 的乘法:

$$\begin{bmatrix} 20 & 15 & 18 \\ 22 & 18 & 20 \end{bmatrix} \begin{bmatrix} 238 & 4 \\ 128 & 5 \\ 188 & 8 \end{bmatrix} = \begin{bmatrix} 10064 & 299 \\ 11300 & 338 \end{bmatrix}$$

图3.1~图3.4演示了 $\begin{bmatrix} 20 & 15 & 18 \\ 22 & 18 & 20 \end{bmatrix} \begin{bmatrix} 238 & 4 \\ 128 & 5 \\ 188 & 8 \end{bmatrix}$ 的计算过程。

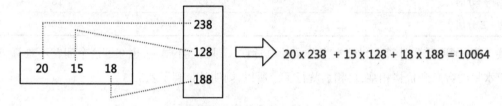

图3.1 矩阵 AB 的第一行第一列元素的计算过程

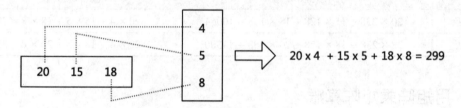

图3.2 矩阵 AB 的第一行第二列元素的计算过程

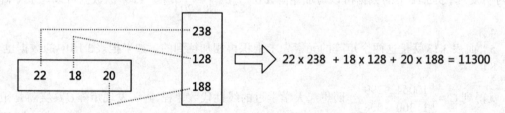

图3.3 矩阵 AB 的第二行第一列元素的计算过程

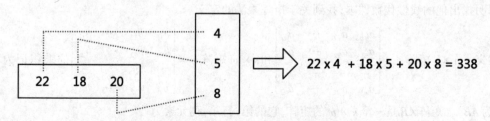

图3.4 矩阵 AB 的第二行第二列元素的计算过程

3.3.3 最简单的矩阵乘法

第2章我们提到过,最简单的矩阵是行矩阵和列矩阵。其实,最简单的矩阵乘法是一个行矩阵乘列矩阵,结果是一个数。

例如,行矩阵$[1 \quad 1 \quad 1]$乘列矩阵$\begin{bmatrix} 1 \\ 0 \\ 1 \end{bmatrix}$:$[1 \quad 1 \quad 1] \begin{bmatrix} 1 \\ 0 \\ 1 \end{bmatrix} = 2$。一般来说,行矩阵$[a_1 \quad \cdots \quad a_n]$和列

矩阵$\begin{bmatrix} b_1 \\ \vdots \\ b_n \end{bmatrix}$的乘积为

$$[a_1 \quad \cdots \quad a_n] \begin{bmatrix} b_1 \\ \vdots \\ b_n \end{bmatrix} = a_1 b_1 + a_2 b_2 + \cdots + a_n b_n$$

从这个结果出发,我们重新看矩阵A乘矩阵B的结果。表3.14展示了矩阵乘法算式

$$\begin{matrix} A & B & C \\ \downarrow & \downarrow & \downarrow \end{matrix}$$

$$\begin{bmatrix} 20 & 15 & 18 \\ 22 & 18 & 20 \end{bmatrix} \begin{bmatrix} 238 & 4 \\ 128 & 5 \\ 188 & 8 \end{bmatrix} = \begin{bmatrix} 10064 & 299 \\ 11300 & 338 \end{bmatrix}$$

中,矩阵C的第(i, j)元素是矩阵A的第i行乘矩阵B的第j列得到的。

表3.14　矩阵C的元素的计算过程

矩阵C的元素	计算方法	算式
第$(1, 1)$元素 10064	A的第一行乘B的第一列	$[20 \quad 15 \quad 18] \begin{bmatrix} 238 \\ 128 \\ 188 \end{bmatrix} = 10064$
第$(1, 2)$元素 299	A的第一行乘B的第二列	$[20 \quad 15 \quad 18] \begin{bmatrix} 4 \\ 5 \\ 8 \end{bmatrix} = 299$
第$(2, 1)$元素 11300	A的第二行乘B的第一列	$[22 \quad 18 \quad 20] \begin{bmatrix} 238 \\ 128 \\ 188 \end{bmatrix} = 11300$
第$(2, 2)$元素 338	A的第二行乘B的第二列	$[22 \quad 18 \quad 20] \begin{bmatrix} 4 \\ 5 \\ 8 \end{bmatrix} = 338$

将上述发现推广到一般的矩阵乘法中,我们可以这样说:

$n \times s$矩阵A乘$s \times m$矩阵B的乘积矩阵AB的第(i, j)元素(第i行第j列元素)就是矩阵A的第i行

$[a_{i1} \quad \cdots \quad a_{is}]$和矩阵$B$的第$j$列$\begin{bmatrix} b_{1j} \\ \vdots \\ b_{sj} \end{bmatrix}$的乘积,即

$$\begin{bmatrix} a_{i1} & \cdots & a_{is} \end{bmatrix} \begin{bmatrix} b_{1j} \\ \vdots \\ b_{sj} \end{bmatrix} = a_{i1}b_{1j} + a_{i2}b_{2j} + \cdots + a_{is}b_{sj}$$

3.3.4　矩阵乘法真好用!

阿明是一个爱动脑筋的水果店老板,他现在思考的问题是:能不能用矩阵乘法计算一分店的精品水果礼盒总成本和二分店的精品水果礼盒总成本呢?

阿明在前面的分析中得到,两个分店的水果总价和包装费总价可以用矩阵 $\begin{bmatrix} 10064 & 299 \\ 11300 & 338 \end{bmatrix}$ 表示。

在学习矩阵乘法之前,阿明会这么算:一分店的精品水果礼盒总成本为10064 + 299 = 10363(元),二分店的精品水果礼盒总成本为11300 + 338 = 11638(元)。现在学习了矩阵乘法,阿明就可以用下面的矩阵乘法计算了:

$$\begin{bmatrix} 10064 & 299 \\ 11300 & 338 \end{bmatrix} \begin{bmatrix} 1 \\ 1 \end{bmatrix} = \begin{bmatrix} 10363 \\ 11638 \end{bmatrix}$$

阿明这才发现,矩阵乘法可真是好用呀! 接下来,你来帮阿明算一算下面这个问题该怎么用矩阵乘法来解决吧!

例3.1　两个分店的精品水果礼盒的销量和售价如表3.15和表3.16所示,请你用矩阵乘法帮阿明表示两个分店的销售额。

表3.15　某日两个分店的精品水果礼盒的销量

分店	车厘子礼盒/件	泰国山竹礼盒/件	精品水果混搭礼盒/件
一分店	15	13	16
二分店	18	15	17

表3.16　某日精品水果礼盒的售价(两个店售价一致)

礼盒名称	售价/(元/件)
车厘子礼盒	288
泰国山竹礼盒	168
精品水果混搭礼盒	238

显然,这个问题可以用 $\begin{bmatrix} 15 & 13 & 16 \\ 18 & 15 & 17 \end{bmatrix} \begin{bmatrix} 288 \\ 168 \\ 238 \end{bmatrix}$ 计算,请你自己动手,写出这个矩阵乘法的答案吧!

3.3.5　单位矩阵是没有美颜功能的素颜相机

第 2 章我们介绍过，像 $\begin{bmatrix} 1 & 0 \\ 0 & 1 \end{bmatrix}$，$\begin{bmatrix} 1 & 0 & 0 \\ 0 & 1 & 0 \\ 0 & 0 & 1 \end{bmatrix}$，$\begin{bmatrix} 1 & 0 & 0 & 0 \\ 0 & 1 & 0 & 0 \\ 0 & 0 & 1 & 0 \\ 0 & 0 & 0 & 1 \end{bmatrix}$ 这样的矩阵都叫作单位矩阵。比如，

$\begin{bmatrix} 1 & 0 & 0 \\ 0 & 1 & 0 \\ 0 & 0 & 1 \end{bmatrix}$ 是一个三阶单位矩阵。

你来找找单位矩阵的共同点。第一，这些方阵都是对角矩阵；第二，对角线上的元素都是1。

在第 2 章中，如果你纳闷为什么像 $\begin{bmatrix} 1 & 0 & 0 \\ 0 & 1 & 0 \\ 0 & 0 & 1 \end{bmatrix}$ 这样的矩阵被称为"单位矩阵"，现在能理解了吗？

因为它们太像数字"1"了。我们曾经说数其实是一行一列的矩阵，所以数字"1"其实是一阶的单位矩阵，当我们把它当作一阶的单位矩阵时，又可以写作[1]。

在数的世界里，1份指定大小的物理量叫作度量单位，比如1厘米、1吨、1小时……在数字的乘法运算中，1乘任何数，乘积都还是这个数字本身。

单位矩阵在矩阵乘法中具有数字"1"在数字乘法中的相同作用，所以它们被称为单位矩阵。单位矩阵不仅仅是与方阵相乘时不改变这个矩阵，与其他可以相乘的矩阵相乘，也不改变这个矩阵。比如：

$$\begin{bmatrix} 1 & 0 & 0 \\ 0 & 1 & 0 \\ 0 & 0 & 1 \end{bmatrix}\begin{bmatrix} 3 & 1 & 4 & 2 \\ -1 & 3 & 8 & 2 \\ 3 & 0 & 11 & -3 \end{bmatrix} = \begin{bmatrix} 3 & 1 & 4 & 2 \\ -1 & 3 & 8 & 2 \\ 3 & 0 & 11 & -3 \end{bmatrix}$$

$$\begin{bmatrix} 2 & 1 & 3 \\ 4 & -1 & 3 \\ 4 & 9 & 0 \\ 3 & -4 & 8 \end{bmatrix}\begin{bmatrix} 1 & 0 & 0 \\ 0 & 1 & 0 \\ 0 & 0 & 1 \end{bmatrix} = \begin{bmatrix} 2 & 1 & 3 \\ 4 & -1 & 3 \\ 4 & 9 & 0 \\ 3 & -4 & 8 \end{bmatrix}$$

单位矩阵是矩阵乘法运算中的素颜相机，与单位矩阵相乘，就好像面对没有美颜滤镜的镜头，最后得到的乘积矩阵是这个矩阵本来的面目。

3.4　矩阵乘法的显微镜底下看线性方程组

3.4.1　线性方程组的真面目

在第 1 章中，我们详细地介绍了线性方程组，并介绍了怎样用矩阵的初等行变换来求解线性方程

组。现在我们学习了矩阵的乘法,让我们再来审视一下线性方程组吧!

首先,我们来重温一下著名的鸡兔同笼问题:

今有鸡兔同笼,上有三十五头,下有九十四足,问鸡兔各几何?

在第1章中,我们通过假设鸡有 x 只,兔子有 y 只,得到下面的线性方程组:

$$\begin{cases} x + y = 35 \\ 2x + 4y = 94 \end{cases}$$

现在知道了矩阵乘法,你看待这个方程组的角度发生变化了吗? 让我们把这个方程组这样写:

$$\begin{cases} 1 \times x + 1 \times y = 35 \\ 2 \times x + 4 \times y = 94 \end{cases}$$

再引入这样三个矩阵: $\begin{bmatrix} 1 & 1 \\ 2 & 4 \end{bmatrix}$, $\begin{bmatrix} x \\ y \end{bmatrix}$, $\begin{bmatrix} 35 \\ 94 \end{bmatrix}$。现在,请你带上写着"矩阵乘法"的显微镜,再看看上面的线性方程组。

你有没有发现,线性方程组

$$\begin{cases} 1 \times x + 1 \times y = 35 \\ 2 \times x + 4 \times y = 94 \end{cases}$$

可以写成矩阵乘法 $\begin{bmatrix} 1 & 1 \\ 2 & 4 \end{bmatrix}\begin{bmatrix} x \\ y \end{bmatrix} = \begin{bmatrix} 35 \\ 94 \end{bmatrix}$?

是的,当我们把线性方程组的所有未知数和方程组右边的数分别写成两个列矩阵时,线性方程组可以表示为一个有关矩阵乘法的等式。我们把这个形式叫作"线性方程组的矩阵乘积形式"。

还记得第1章中鸡兔同笼问题的升级版——兽禽问题吗?"有一种长着六个头、四只脚的神兽和一种长着四个头、两只脚的神鸟。现在,有这种神兽和神鸟若干只,从上面数,一共有76个头,从下面数,有46只脚。请问神兽和神鸟各有多少只?"

设兽有 x 只,禽有 y 只,则可以得到方程组:

$$\begin{cases} 6x + 4y = 76 \\ 4x + 2y = 46 \end{cases}$$

请你把这个线性方程组写成矩阵乘积的形式吧!

3.4.2 横看成岭侧成峰,远近高低各不同

可能你会有以下疑惑。

(1)矩阵的定义中,是两个有具体数字的矩阵相乘,可线性方程组中有两个未知数 x 和 y,线性方程组表示为矩阵乘法时,有一个列矩阵全是未知数呀! 这样也可以吗?

当然可以！未知数 x 和 y 表示的也是数，只不过你目前还不知道它们的具体取值是多少。当我们突破了这个认知，明白了符号也可以作为矩阵中的元素，那么你的眼睛就好像装上了"矩阵显微镜"，很多以前学习过的方程，都可以表示为矩阵的乘法了！

一元二次方程 $ax^2 + bx + c = 0$ 可以写成 $\begin{bmatrix} a & b & c \end{bmatrix} \begin{bmatrix} x^2 \\ x \\ 1 \end{bmatrix} = 0$。在笛卡尔坐标系中，点的坐标可以

表示为 (x, y)。一条过给定点 $\left(0, \dfrac{1}{2}\right)$ 和 $(1, 0)$ 的直线可以表示为 $2x + y = 1$，这个方程用矩阵乘法可以

表示为 $\begin{bmatrix} x & y \end{bmatrix} \begin{bmatrix} 2 \\ 1 \end{bmatrix} = 1$ 或 $\begin{bmatrix} 2 & 1 \end{bmatrix} \begin{bmatrix} x \\ y \end{bmatrix} = 1$。圆的方程 $x^2 + y^2 = 1$ 可以写成 $\begin{bmatrix} x & y \end{bmatrix} \begin{bmatrix} x \\ y \end{bmatrix} = 1$。

（2）在第 1 章中，我们已经掌握了用矩阵表示线性方程组的方法，并且也学会了用矩阵的行初等变换求解线性方程组的方法。为什么现在又要把它写成一个矩阵乘积的形式？你可能还会觉得，"为什么我不喜欢数学？因为数学总是变来变去的，一会这样，一会那样，反复无常！"

其实，数学是认识世界的一种方式。正如苏轼说庐山是"横看成岭侧成峰，远近高低各不同"，一个数学问题，从不同的角度分析、用不同的数学知识解读，也会得到不同的感觉。但这也正是庐山、数学的美之所在，它千姿百态，婀娜多姿。

如果你觉得一个鸡兔同笼问题，小学数学就可以解决了，完全没有必要又是增广矩阵，又是矩阵乘法，纯属多此一举，那你就是还停留在"不识庐山真面目，只缘身在此山中"的境界中。

利用矩阵的相关知识，你看待一个线性方程组就像乘坐直升机俯瞰庐山，你看到的不仅仅是几个方程、几个未知数，而是从整体上分析系数矩阵，对方程组有没有解、有几个解、解的特征等问题进行透彻的分析、宏观的把握。在此基础上，为这个方程组设计最适合的算法。

可以这样说，学习新的数学概念、理论的一个很好的方法，就是老问题，新思路。总是带着这样一种好奇心，你就坐上了思维的直升机，从"只缘身在此山中"到了俯瞰全局的高度。

3.5 矩阵乘法中的座位号是不可以交换的！

3.5.1 交换位置，可能就玩不到一起了！

你应该已经感受到了矩阵乘法的威力，下面请你来亲手计算矩阵 $\begin{bmatrix} 1 & 3 \\ 4 & 0 \end{bmatrix}$ 和矩阵 $\begin{bmatrix} 2 & 1 & 3 \\ 0 & 1 & 0 \end{bmatrix}$ 的乘

积矩阵吧!

我们知道,实数的乘法中,6×7 和 7×6 的结果是一样的,因为实数的乘法满足交换律。那么,对于矩阵乘法,是不是 $\begin{bmatrix} 1 & 3 \\ 4 & 0 \end{bmatrix}\begin{bmatrix} 2 & 1 & 3 \\ 0 & 1 & 0 \end{bmatrix}$ 和 $\begin{bmatrix} 2 & 1 & 3 \\ 0 & 1 & 0 \end{bmatrix}\begin{bmatrix} 1 & 3 \\ 4 & 0 \end{bmatrix}$ 的结果也一样呢? 让我们来探索一下。

首先,请你口算一下 $\begin{bmatrix} 1 & 3 \\ 4 & 0 \end{bmatrix}\begin{bmatrix} 2 & 1 & 3 \\ 0 & 1 & 0 \end{bmatrix}$。显然,这个矩阵乘法算式的结果是一个 2×3 矩阵,那就自己来写一下结果吧!

$$\begin{bmatrix} 1 & 3 \\ 4 & 0 \end{bmatrix}\begin{bmatrix} 2 & 1 & 3 \\ 0 & 1 & 0 \end{bmatrix} = \begin{bmatrix} & & \\ & & \end{bmatrix}$$

接着,请你来计算 $\begin{bmatrix} 2 & 1 & 3 \\ 0 & 1 & 0 \end{bmatrix}\begin{bmatrix} 1 & 3 \\ 4 & 0 \end{bmatrix}$。可如图3.5所示,你会发现,$\begin{bmatrix} 2 & 1 & 3 \\ 0 & 1 & 0 \end{bmatrix}\begin{bmatrix} 1 & 3 \\ 4 & 0 \end{bmatrix}$ 是不能计算的。

所以,我们可以得到结论,$\begin{bmatrix} 1 & 3 \\ 4 & 0 \end{bmatrix}\begin{bmatrix} 2 & 1 & 3 \\ 0 & 1 & 0 \end{bmatrix}$ 可以计算,而交换两个矩阵的位置,$\begin{bmatrix} 2 & 1 & 3 \\ 0 & 1 & 0 \end{bmatrix}\begin{bmatrix} 1 & 3 \\ 4 & 0 \end{bmatrix}$ 就不能计算。

图 3.5 矩阵 $\begin{bmatrix} 2 & 1 & 3 \\ 0 & 1 & 0 \end{bmatrix}$ 的第一行元素 2, 1, 3 的聊天记录

通过这个例子,我们可以得到这样的结论:只有当矩阵 A 和矩阵 B 的行列数相匹配,才能进行矩阵乘法运算,得到矩阵 AB。

如图3.6所示,两个矩阵相乘,左边矩阵的列数和右边矩阵的行数相等,它们才能进行矩阵乘法运算。并且,乘积矩阵的行数等于左边矩阵的行数,列数等于右边矩阵的列数。图3.7~图3.9演示了不同矩阵之间是不是可以做乘法。

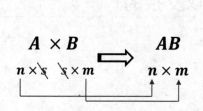

图 3.6 行列数相匹配才能进行矩阵乘法运算

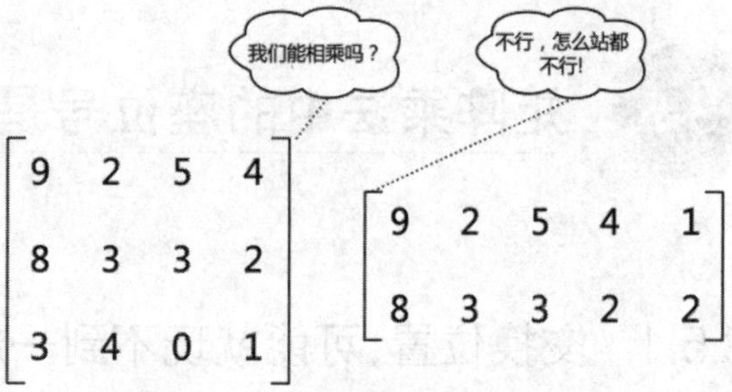

图 3.7 一个 3×4 矩阵和一个 2×5 矩阵不能做矩阵乘法

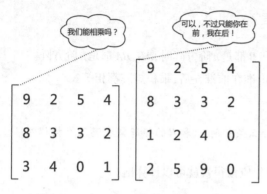

图 3.8　一个 3×4 矩阵和一个 4×4 矩阵
只有按规矩站,才可以做矩阵乘法

图 3.9　一个 3×3 矩阵和一个 3×3 矩阵怎么站
都可以做矩阵乘法,但站位不同,结果不同

3.5.2　为什么矩阵乘法不满足交换律?

从矩阵 $\begin{bmatrix} 1 & 1 \\ 1 & 0 \end{bmatrix}$ 和矩阵 $\begin{bmatrix} 2 & 1 & 1 \\ 0 & 1 & 0 \end{bmatrix}$ 的乘积的例子中,我们还有这样一个重大发现:矩阵乘法一般不满足交换律。

这是矩阵乘法与数字乘法的一个最大的不同。那么,为什么矩阵乘法不满足交换律呢？原因如下。

(1)交换次序后,矩阵乘法无法进行。如果 $n \times s$ 矩阵 A 的行数 n 和 $s \times m$ 矩阵 B 的列数 m 不相等,那么这两个矩阵只能以 A 在左、B 在右的方式进行矩阵乘法运算,得到乘积矩阵 AB。此时,由于行列数不匹配,无法进行 B 在左、A 在右的矩阵乘法运算,也就不存在矩阵 BA。

(2)即使交换次序后矩阵乘法可以进行,乘积矩阵的行数和列数也可能不一样。比如,$n \times s$ 矩阵 A 和 $s \times n$ 矩阵 B 相乘,此时两种次序的矩阵乘法的乘积矩阵 AB 和 BA 都存在,但 AB 是 n 阶方阵,BA 是 s 阶方阵。如果 $s \neq n$,则 AB,BA 是具有不同阶数的方阵,不可能相等。

(3)再进一步,如果矩阵 A 和 B 都是 n 阶方阵,是不是就满足交换律了呢？答案还是不一定！此时,虽然两种次序的矩阵乘法的乘积矩阵 AB 和 BA 都存在,并且都是 n 阶方阵,但是仍然很有可能出现 $AB \neq BA$。举例来说,两个二阶方阵 $D = \begin{bmatrix} 1 & 1 \\ 0 & 1 \end{bmatrix}$, $G = \begin{bmatrix} 1 & 0 \\ 1 & 1 \end{bmatrix}$, $DG = \begin{bmatrix} 2 & 1 \\ 1 & 1 \end{bmatrix}$, $GD = \begin{bmatrix} 1 & 1 \\ 1 & 2 \end{bmatrix}$。显然,此时 $DG \neq GD$。

其实,只要我们认真思考矩阵乘法的定义,就会明白,矩阵不满足交换律是显而易见的。即使矩阵 AB 和矩阵 BA 都存在,矩阵 AB 第 i 行第 j 列的元素(第 (i,j) 元素)是矩阵 A 的第 i 行元素与矩阵 B 的第 j 列元素对应位置的元素的乘积再求和,而矩阵 BA 第 i 行第 j 列的元素是矩阵 B 的第 i 行元素与矩阵 A 的第 j 列元素对应位置的元素的乘积再求和。

现在,你也许有些抓狂,矩阵乘法怎么这样怪！是不是所有的矩阵乘法都不满足交换律？

答案还是不一定。也就是说,有些矩阵相乘是满足交换律的。

3.5.3　什么样的矩阵乘法满足交换律?

从前文的分析中,你已经发现了,当两个矩阵 A 和 B 都是 n 阶方阵时,AB,BA 都是 n 阶方阵。

那么,当它们满足什么样的条件时,两个矩阵无论谁在前谁在后,乘积矩阵都相等?

我们从具体的矩阵入手,来研究一下吧!

例3.2　对于方阵 $A = \begin{bmatrix} 3 & 2 \\ 0 & 1 \end{bmatrix}$,二阶方阵 B 满足什么条件时,A 和 B 的矩阵乘积满足交换律?

设矩阵 $B = \begin{bmatrix} b_1 & b_2 \\ b_3 & b_4 \end{bmatrix}$,那么按照矩阵乘法的定义,你应该很快就可以计算出:

$$AB = \begin{bmatrix} 3 & 2 \\ 0 & 1 \end{bmatrix}\begin{bmatrix} b_1 & b_2 \\ b_3 & b_4 \end{bmatrix} = \begin{bmatrix} 3b_1 + 2b_3 & 3b_2 + 2b_4 \\ b_3 & b_4 \end{bmatrix}$$

$$BA = \begin{bmatrix} b_1 & b_2 \\ b_3 & b_4 \end{bmatrix}\begin{bmatrix} 3 & 2 \\ 0 & 1 \end{bmatrix} = \begin{bmatrix} 3b_1 & 2b_1 + b_2 \\ 3b_3 & 2b_3 + b_4 \end{bmatrix}$$

因为 B 满足等式 $AB = BA$,所以我们可以得到一个线性方程组:

$$\begin{cases} 3b_1 + 2b_3 = 3b_1 \\ 3b_2 + 2b_4 = 2b_1 + b_2 \\ b_3 = 3b_3 \\ b_4 = 2b_3 + b_4 \end{cases}$$

从 $b_3 = 3b_3$ 可得到 $b_3 = 0$。将这一结果代入其他方程可以得到 $b_2 = b_1 - b_4$,b_1 和 b_4 可以自由取值。

因此,我们就得到可以与矩阵 $= \begin{bmatrix} 3 & 2 \\ 0 & 1 \end{bmatrix}$ 相乘并且满足交换律的矩阵 B 具有这样的形式:$B = \begin{bmatrix} b_1 & b_1 - b_4 \\ 0 & b_4 \end{bmatrix}$,其中 b_1 和 b_4 可以取任意实数。

你可以随便取 b_1 和 b_4(比如取 $b_1 = 3$,$b_4 = 2$),并分别计算 AB,BA,验证我们分析得到的结论。

你能够利用上述类似的分析过程,找到与方阵 $\begin{bmatrix} 3 & 1 \\ 1 & 2 \end{bmatrix}$ 可交换的二阶方阵吗?

接下来,我们给出一个"可交换"的定义。

当两个方阵的乘法满足交换律,也就是说,它们的乘积矩阵无论谁在前谁在后,结果都不变,我们就称这两个方阵是可交换的。

通过例3.2,我们可以得到以下信息。

(1)两个方阵可交换的条件,需要根据矩阵乘法的定义进行具体分析。

(2)找到这样的条件需要求解方程组。

那么,我们不禁又想问,有没有这样一类方阵,它们和任何同阶数的方阵都是可交换的?

还真有!

3.5.4　总是可交换的矩阵

就像数字 0 乘任何数，乘积都是 0，一个元素全是 0 的零方阵乘另一个方阵，乘积矩阵还是零方阵。

下面来看以二阶零方阵乘另一个二阶方阵的例子吧！

矩阵 $\begin{bmatrix} 0 & 0 \\ 0 & 0 \end{bmatrix}$ 是一个二阶零方阵，矩阵 $\begin{bmatrix} b_1 & b_2 \\ b_3 & b_4 \end{bmatrix}$ 一个二阶方阵，很容易就可以计算出，不管是 $\begin{bmatrix} 0 & 0 \\ 0 & 0 \end{bmatrix} \times \begin{bmatrix} b_1 & b_2 \\ b_3 & b_4 \end{bmatrix}$ 还是 $\begin{bmatrix} b_1 & b_2 \\ b_3 & b_4 \end{bmatrix} \times \begin{bmatrix} 0 & 0 \\ 0 & 0 \end{bmatrix}$，乘积矩阵都是 $\begin{bmatrix} 0 & 0 \\ 0 & 0 \end{bmatrix}$。由于 b_1, b_2, b_3, b_4 可以取任何实数，所以我们可得：零方阵和任何同阶数的方阵都是可交换的。

除了零方阵，还有其他总是可交换的方阵吗？

有。你可以试试用二阶方阵 $\begin{bmatrix} 1 & 0 \\ 0 & 1 \end{bmatrix}$ 乘任何一个二阶方阵，分别把 $\begin{bmatrix} 1 & 0 \\ 0 & 1 \end{bmatrix}$ 写到乘号的左边和右边，再进行计算。你会发现：二阶方阵 $\begin{bmatrix} 1 & 0 \\ 0 & 1 \end{bmatrix}$ 和任何二阶方阵 B 总是可交换的，而且乘积还是方阵 B。

在第 2 章中，我们学习过像 $\begin{bmatrix} 1 & 0 \\ 0 & 1 \end{bmatrix}$ 这样对角线上的元素全部为 1，其他元素全部为 0 的方阵称为单位矩阵。现在，你知道为什么把这样的矩阵称为单位矩阵了吗？

在数字的乘法中，1 乘任何数都还等于这个数。而 $\begin{bmatrix} 1 & 0 \\ 0 & 1 \end{bmatrix}$ 就像二阶方阵中的"1"，任何二阶方阵和 $\begin{bmatrix} 1 & 0 \\ 0 & 1 \end{bmatrix}$ 的乘积都是这个方阵本身。这就是这类矩阵被称为单位矩阵的原因之一。

3.5.5　可逆的方阵

实际上，有些方阵不但可交换，它们的乘积还总是单位矩阵。比如，矩阵 $\begin{bmatrix} 3 & 2 \\ 0 & 1 \end{bmatrix}$ 和矩阵 $\begin{bmatrix} \frac{1}{3} & -\frac{2}{3} \\ 0 & 1 \end{bmatrix}$

就满足 $\begin{bmatrix} 3 & 2 \\ 0 & 1 \end{bmatrix}\begin{bmatrix} \frac{1}{3} & -\frac{2}{3} \\ 0 & 1 \end{bmatrix} = \begin{bmatrix} \frac{1}{3} & -\frac{2}{3} \\ 0 & 1 \end{bmatrix}\begin{bmatrix} 3 & 2 \\ 0 & 1 \end{bmatrix} = \begin{bmatrix} 1 & 0 \\ 0 & 1 \end{bmatrix}$。类似于非零实数 a 的倒数为 $\frac{1}{a}$，我们说矩阵 $\begin{bmatrix} 3 & 2 \\ 0 & 1 \end{bmatrix}$ 可逆，并把矩阵 $\begin{bmatrix} \frac{1}{3} & -\frac{2}{3} \\ 0 & 1 \end{bmatrix}$ 叫作矩阵 $\begin{bmatrix} 3 & 2 \\ 0 & 1 \end{bmatrix}$ 的逆矩阵。

并不是所有的方阵都是可逆的，有的方阵就不存在逆矩阵，这时我们说这个方阵是不可逆的。

那什么样的方阵是可逆的呢？如果一个方阵是可逆的，又怎么计算它的逆矩阵呢？这是很大的话题，我们在这里不展开讨论了，你可以翻阅任何一本线性代数教材寻求答案。不过，二阶方阵 $\begin{bmatrix} a & b \\ c & d \end{bmatrix}$ 可逆的充分必要条件是 $ad - bc \neq 0$，并且逆矩阵为 $\frac{1}{ad - bc}\begin{bmatrix} d & -b \\ -c & a \end{bmatrix}$。利用这个充分必要条件，我们很快就可以得到矩阵 $\begin{bmatrix} 2 & 2 \\ 1 & 1 \end{bmatrix}$ 是不可逆的。

判断矩阵的可逆有什么用呢？用处非常多。比如，在3.4.1小节中，我们已经知道一个由 n 个方程组成的、包含 n 个未知数的线性方程组，可以用矩阵乘法

$$\begin{bmatrix} a_{11} & a_{12} & \cdots & a_{1n} \\ a_{21} & a_{22} & \cdots & a_{2n} \\ \vdots & \vdots & \ddots & \vdots \\ a_{n1} & a_{n2} & \cdots & a_{nn} \end{bmatrix} \begin{bmatrix} x_1 \\ x_2 \\ \vdots \\ x_n \end{bmatrix} = \begin{bmatrix} b_1 \\ b_2 \\ \vdots \\ b_n \end{bmatrix}$$

表示。而这个方程组有唯一的解的充分必要条件是系数矩阵 $\begin{bmatrix} a_{11} & a_{12} & \cdots & a_{1n} \\ a_{21} & a_{22} & \cdots & a_{2n} \\ \vdots & \vdots & \ddots & \vdots \\ a_{n1} & a_{n2} & \cdots & a_{nn} \end{bmatrix}$ 可逆。

3.6 一个藤上 N 个瓜——矩阵的连乘

3.6.1 虽然不满足交换律，矩阵乘法还是可以灵活计算的

一串数字连乘，由于数字的乘法满足交换律和结合律，可以任意调换顺序、加括号改变计算顺序，加快计算速度，例如：

$$2 \times 3 \times 5 \times 3 \times 4 \times 7 \times 5 = (2 \times 5) \times (4 \times 5) \times (3 \times 3) \times 7$$

那么，一串矩阵相乘，也可以这样操作吗？你一定会说不行，因为我们在3.5节中讲过了，矩阵乘法不满足交换律，所以矩阵乘法中的座位顺序不可以调换。

不过，虽然一串矩阵相乘，不能随意地调换顺序，却可以通过加括号改变计算顺序——因为矩阵乘法满足结合律。

例如，三个矩阵的乘法 $\begin{bmatrix} -1 & 1 \\ 1 & -1 \end{bmatrix}\begin{bmatrix} -1 & -4 \\ 1 & 1 \end{bmatrix}\begin{bmatrix} 1 & -1 & -1 \\ 1 & -1 & -1 \end{bmatrix}$，计算顺序可以是先计算 $\begin{bmatrix} -1 & 1 \\ 1 & -1 \end{bmatrix}\begin{bmatrix} -1 & -4 \\ 1 & 1 \end{bmatrix}$ 得到 $\begin{bmatrix} 2 & 5 \\ -2 & -5 \end{bmatrix}$，再计算 $\begin{bmatrix} 2 & 5 \\ -2 & -5 \end{bmatrix}\begin{bmatrix} 1 & -1 & -1 \\ 1 & -1 & -1 \end{bmatrix}$：

$$\begin{bmatrix} -1 & 1 \\ 1 & -1 \end{bmatrix}\begin{bmatrix} -1 & -4 \\ 1 & 1 \end{bmatrix}\begin{bmatrix} 1 & -1 & -1 \\ 1 & -1 & -1 \end{bmatrix} = \begin{bmatrix} 2 & 5 \\ -2 & -5 \end{bmatrix}\begin{bmatrix} 1 & -1 & -1 \\ 1 & -1 & -1 \end{bmatrix}$$

也可以通过加括号，先计算后两个矩阵的乘积：

$$\begin{bmatrix} -1 & 1 \\ 1 & -1 \end{bmatrix}\begin{bmatrix} -1 & -4 \\ 1 & 1 \end{bmatrix}\begin{bmatrix} 1 & -1 & -1 \\ 1 & -1 & -1 \end{bmatrix} = \begin{bmatrix} -1 & 1 \\ 1 & -1 \end{bmatrix}\left(\begin{bmatrix} -1 & -4 \\ 1 & 1 \end{bmatrix}\begin{bmatrix} 1 & -1 & -1 \\ 1 & -1 & -1 \end{bmatrix} \right)$$

$$= \begin{bmatrix} -1 & 1 \\ 1 & -1 \end{bmatrix}\begin{bmatrix} -5 & 5 & 5 \\ 2 & -2 & -2 \end{bmatrix}$$

如果我们把一串相乘的矩阵看作一群被固定好座位开会的人，他们不可以交换座位，但可以自由选择和左边还是右边的人聊天。如图3.10所示，一个处在中间位置的矩阵可以自由选择先和左边的矩阵相乘，还是先和右边的矩阵相乘。

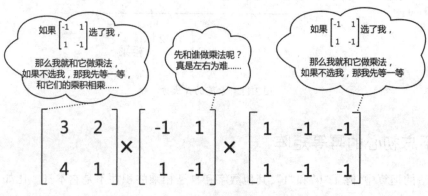

图 3.10　三个矩阵的乘法，满足结合律

3.6.2　矩阵有平方吗?

很多人都会背20以内的平方表：12的平方是144，13的平方是169……那么，矩阵有平方吗？

我们知道，一个数的平方就是这个数和它本身的乘积。推而广之，矩阵的平方就是一个矩阵和它本身的乘积。接下来，我们随手写两个矩阵来算一算吧！

首先，来看看 $\begin{bmatrix} 1 & -1 & -1 \\ 1 & -1 & -1 \end{bmatrix}$ 吧！这是一个 2×3 矩阵，根据矩阵乘法的定义，它和自己无法相乘。因此，$\begin{bmatrix} 1 & -1 & -1 \\ 1 & -1 & -1 \end{bmatrix}$ 没有平方。从这个例子我们可以得到，行数和列数不一样的矩阵，是没有平方矩阵的。

因为只有行数和列数相同的方阵才可以自己和自己相乘，所以只有方阵才有平方。我们把一个方阵和它本身的乘积矩阵叫作这个矩阵的平方矩阵，并且用类似于数的平方的方式来记录矩阵的平方：

$$\begin{bmatrix} 3 & 2 \\ 4 & 1 \end{bmatrix}^2 = \begin{bmatrix} 3 & 2 \\ 4 & 1 \end{bmatrix}\begin{bmatrix} 3 & 2 \\ 4 & 1 \end{bmatrix}$$

类似地，方阵不但可以求平方矩阵，还可以求立方矩阵、4次方矩阵。如图3.11所示，一个方阵的 N 次方，就是这个方阵和它本身相乘 N 次。

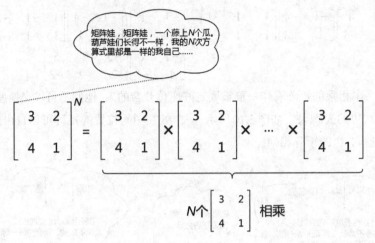

图 3.11 方阵的 N 次方

3.6.3 不忘初心的幂等矩阵

数字乘法的运算中，除了"0"和"1"，其他数字和自己相乘的积并不是它本身。比如，$2 \times 2 = 4$，$(-1) \times (-1) = 1$。我们可以说数字"1"和"0"还有一个"不忘初心"的特点，就是无论多少个自己相乘，乘积永远是它本身。

矩阵中也有这样不忘初心的。如果一个矩阵的平方矩阵还是它本身，这个矩阵就称为幂等矩阵。

不忘初心的数字只有0和1，那不忘初心的幂等矩阵有哪些呢？

(1)零方阵的平方矩阵是零方阵，所以零方阵是幂等矩阵。

(2)单位矩阵也是这样不忘初心的——一个单位矩阵与它本身相乘，无论乘多少次，最后的结果还是这个单位矩阵。比如，$\begin{bmatrix} 1 & 0 \\ 0 & 1 \end{bmatrix}^2 = \begin{bmatrix} 1 & 0 \\ 0 & 1 \end{bmatrix}$，$\begin{bmatrix} 1 & 0 \\ 0 & 1 \end{bmatrix}^3 = \begin{bmatrix} 1 & 0 \\ 0 & 1 \end{bmatrix}$。

(3)还有一些幂等矩阵，它们既不是单位矩阵，也不是零矩阵，但它们又和单位矩阵、零矩阵有着密切的关系。比如，矩阵 $\begin{bmatrix} 1 & 0 & 0 \\ 0 & 1 & 1 \\ 0 & 0 & 0 \end{bmatrix}$ 就是一个不忘初心的幂等矩阵。如图3.12所示，把 $\begin{bmatrix} 1 & 0 & 0 \\ 0 & 1 & 1 \\ 0 & 0 & 0 \end{bmatrix}$ 切开了看，它是由 $\begin{bmatrix} 1 & 0 \\ 0 & 1 \end{bmatrix}$，$\begin{bmatrix} 0 \\ 1 \end{bmatrix}$，$[0 \quad 0]$，$[0]$ 四个小矩阵组成的。其中，$\begin{bmatrix} 1 & 0 \\ 0 & 1 \end{bmatrix}$ 是二阶单位矩阵，$[0 \quad 0]$，$[0]$ 是零矩阵。

$$\begin{bmatrix} 1 & 0 & 0 \\ 0 & 1 & 1 \\ 0 & 0 & 0 \end{bmatrix} \Rightarrow \begin{bmatrix} 1 & 0 \\ 0 & 1 \end{bmatrix} \begin{bmatrix} 0 \\ 1 \end{bmatrix}$$

$$[0 \quad 0] \quad [0]$$

图 3.12 一个三阶幂等矩阵切成分块矩阵

当你发现一个矩阵是幂等矩阵时，这个矩阵的 n 次幂就不用计算了，肯定是它本身。如图3.13所示，其他矩阵一定很羡慕幂等矩阵的这个性质！

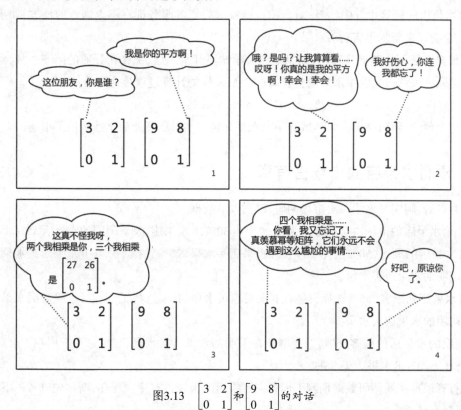

图3.13　$\begin{bmatrix} 3 & 2 \\ 0 & 1 \end{bmatrix}$ 和 $\begin{bmatrix} 9 & 8 \\ 0 & 1 \end{bmatrix}$ 的对话

3.7　水果店老板的市场调研

3.7.1　阿明要在大学城里开水果店

还记得阿明的水果店吗？阿明是一个懂线性代数的水果店老板，他的生意做得有声有色。最近，阿明发现本市的大学城里水果店不多，他想把水果店开到大学城去。

大学城里有3万名大学生，目前那里已经有两家水果店：A水果店和B水果店。阿明决定做一个市场调研，再决定要不要在大学城里开分店。

通过市场调研，阿明得到以下数据。

（1）目前两家水果店的市场占有率分别为：A水果店42%，B水果店58%。

（2）A水果店的顾客中，70%表示对目前这两家水果店的服务都有不太满意的地方，如果最近有新水果店，会尝试去新水果店购买水果。

（3）B水果店的顾客中，60%表示对目前这两家水果店的服务都有不太满意的地方，如果最近有新水果店，会尝试去新水果店购买水果。

阿明根据市场调研数据计算出，如果他在大学城里开水果店，那么在开业的第一个月，到他的水果店消费的顾客大约占大学生水果消费者的64.2%，具体的计算过程是这样的：

$$42\% \times 70\% + 58\% \times 60\% = 64.2\%$$

根据这个预测，阿明决定去大学城开一家水果分店。水果店开业后迅速抢占了市场。

3.7.2　预测水果店的市场占有率

一个月以后，阿明又做了一次市场调研，得到以下数据。

（1）三个水果店的市场占有率分别为：A水果店30%，B水果店35%，阿明的水果店35%。

（2）A水果店的顾客，50%选择继续在A水果店买水果，20%选择下周在B水果店买水果，30%选择下周在阿明的水果店买水果。

（3）B水果店的顾客，55%选择继续在B水果店买水果，18%选择下周在A水果店买水果，27%选择下周在阿明的水果店买水果。

（4）阿明的水果店的顾客，60%选择继续在阿明的水果店买水果，15%选择下周在A水果店买水果，25%选择下周在B水果店买水果。

阿明打算根据市场调研数据预测下周各家水果店的市场占有率。现在，请你先思考一下，如果你是阿明，要怎么计算？

相信你一定觉得这不难。下面以A水果店为例进行计算。

A水果店的顾客中，有50%继续选择A水果店，这占到全部顾客的30% × 50% = 15%。

B水果店的顾客中，有18%选择下周去A水果店，这占到全部顾客的35% × 18% = 6.3%。

阿明水果店的顾客中，有15%选择下周去A水果店，这占到全部顾客的35% × 15% = 5.25%。

把上述三种情况加起来：30% × 50% + 35% × 18% + 35% × 15% = 26.55%。

这个计算过程是小学生都会的。不过，阿明可是一个懂矩阵运算的老板，他先把三个水果店的市场占有率数据写成了一个行矩阵[30%　35%　35%]，然后又把三个水果店的顾客的购买意愿变化情况用表3.17表示。

表3.17　三个水果店的顾客的购买意愿变化情况

顾客类别	下周的购买意愿		
	下周在A水果店购买	下周在B水果店购买	下周在阿明的水果店购买
A水果店的顾客	50%	20%	30%
B水果店的顾客	18%	55%	27%
阿明的水果店的顾客	15%	25%	60%

表3.17中的数据写成矩阵形式为 $\begin{bmatrix} 50\% & 20\% & 30\% \\ 18\% & 55\% & 27\% \\ 15\% & 25\% & 60\% \end{bmatrix}$,它表达了已知一个人目前是某家水果店的

顾客的前提下,他接下来可能会去三个水果店的可能性情况。这个矩阵又叫作转移概率矩阵。转移概率矩阵是俄国数学家马尔可夫(Андрей Андреевич Марков)为研究一类随时间而发生变化的概率问题而定义的,它的每一个元素表示观察对象从目前所处情况变化到另外某种情况(或保持当前情况)的概率。

利用市场占有率行矩阵与转移概率矩阵的乘积,阿明就可以进行下周三家水果店的市场占有率预测了:

$$[\ 30\% \quad 35\% \quad 35\% \ ] \begin{bmatrix} 50\% & 20\% & 30\% \\ 18\% & 55\% & 27\% \\ 15\% & 25\% & 60\% \end{bmatrix} = [\ 26.55\% \quad 34\% \quad 39.45\% \ ]$$

所以,阿明预测下周 A 水果店、B 水果店和他的水果店的市场占有率分别为26.55%、34%、39.45%。

在这个基础上,阿明假设,他调研得来的顾客购买意愿的转移概率矩阵保持不变,在目前阿明的预测基础上,他又预测了两周以后三家水果店的市场占有率:

$$[\ 26.55\% \quad 34\% \quad 39.45\% \ ] \begin{bmatrix} 50\% & 20\% & 30\% \\ 18\% & 55\% & 27\% \\ 15\% & 25\% & 60\% \end{bmatrix} \approx [\ 25.31\% \quad 33.87\% \quad 40.82\% \ ]$$

在学习了矩阵的平方后,预测两周以后三家水果店的市场占有率,又可以用下式计算:

$$[\ 30\% \quad 35\% \quad 35\% \ ] \begin{bmatrix} 50\% & 20\% & 30\% \\ 18\% & 55\% & 27\% \\ 15\% & 25\% & 60\% \end{bmatrix}^2 \approx [\ 25.31\% \quad 33.87\% \quad 40.82\% \ ]$$

按照阿明的这个思路,你能不能预测三周以后三家水果店的市场占有率?

3.8 神出鬼没的零矩阵

3.8.1 遇上它们,就成了它们——它们是谁?

"遇到它就成了它,它是谁?",这是一个数学谜语,打一个数字。你可能会说谜底是"0"。

但把这个谜语改成"遇上它们,就成了它们——它们是谁? 打一类矩阵。"你的答案是什么呢? 你肯定会说"零矩阵呀! 因为一个矩阵乘零矩阵一定还是零矩阵"。你猜对了,就是零矩阵。只要行数和列数匹配,一个矩阵和一个零矩阵相乘的乘积矩阵一定是零矩阵。

零矩阵和数字0共同的特点是,与它们相乘,就变成了零矩阵、数字0。但为什么零矩阵的谜语要用"它们"而不是"它"呢?因为零矩阵是一个大家族,而根据矩阵乘法,一个 1×2 的普通矩阵和一个 2×3 的零矩阵的乘积矩阵是一个 1×3 的零矩阵。这句话中,两个零矩阵不相等,所以只能说"它们"而不能说"它"。

反过来,已知两个数相乘的积等于0,那么这两个数可能是什么数?答案是这两个数中至少有一个数是0。

那么,矩阵呢?已知两个矩阵相乘的乘积矩阵是零矩阵,那么这两个矩阵中至少有一个是零矩阵吗?答案是不一定。

3.8.2 没遇上它们,也可能变成它们——神出鬼没的零矩阵

也就是说,两个矩阵都不是零矩阵,它们的乘积也有可能是零矩阵。你是不是觉得一点都不符合常理?

请你来算算下面这个矩阵乘法:

$$\begin{bmatrix} -1 & 1 \\ 1 & -1 \end{bmatrix}\begin{bmatrix} 1 & -1 & -1 \\ 1 & -1 & -1 \end{bmatrix}$$

答案是 $\begin{bmatrix} 0 & 0 & 0 \\ 0 & 0 & 0 \end{bmatrix}$。不可思议吧?在这个例子中,矩阵 $\begin{bmatrix} -1 & 1 \\ 1 & -1 \end{bmatrix}$ 和 $\begin{bmatrix} 1 & -1 & -1 \\ 1 & -1 & -1 \end{bmatrix}$ 甚至连一个0元素都没有,可它们的乘积是零矩阵。这样的例子并不少见,例如,图3.14中的矩阵 $\begin{bmatrix} 1 & 1 \\ 1 & 1 \end{bmatrix}$ 和 $\begin{bmatrix} -1 & 1 \\ 1 & -1 \end{bmatrix}$。

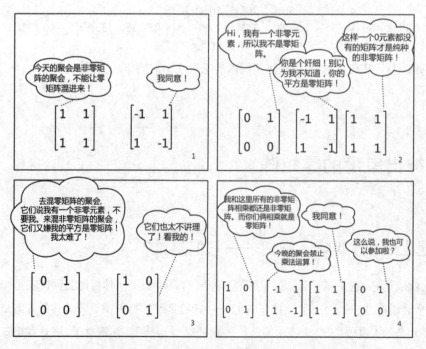

图 3.14　非零矩阵的聚会

再来看这个方阵 $\begin{bmatrix} 0 & 1 \\ 0 & 0 \end{bmatrix}$，它和自己的乘积是零矩阵：

$$\begin{bmatrix} 0 & 1 \\ 0 & 0 \end{bmatrix}\begin{bmatrix} 0 & 1 \\ 0 & 0 \end{bmatrix}=\begin{bmatrix} 0 & 0 \\ 0 & 0 \end{bmatrix}$$

从这两个例子，你可能发现了，零矩阵比数字0可机灵多了！有0元素的矩阵相乘可以得到零矩阵还可以理解，完全没有0元素的矩阵相乘，居然可以变出一个零矩阵！

这也太诡异了！你会不会觉得，零矩阵像一个神出鬼没的幽灵，矩阵乘法就像会变魔法的巫师，"×"就是他的魔法棒，随便指向两个矩阵，零矩阵就会被制造出来？

其实，数学不是巫师。数学更像魔术师表演的魔术，虽然神奇，但只是用障眼法迷惑了你。只要你仔细分析，一切都是合情合理的，并不是随便两个矩阵相乘都可以制造出零矩阵。有些矩阵，比如 $\begin{bmatrix} 1 & 0 \\ 0 & 1 \end{bmatrix}$，$\begin{bmatrix} 1 & -1 \\ 0 & 1 \end{bmatrix}$，$\begin{bmatrix} 1 & 5 & 3 \\ -1 & -1 & 2 \\ 1 & 3 & -6 \end{bmatrix}$，只有和零矩阵相乘，才会得到零矩阵。

那怎么判断和找到这样的矩阵呢？

首先，对于方阵，我们得出下面两个结论。

(1)如果一个方阵是不可逆的，那么一定能够找到一个不可逆的非零方阵，使它们的乘积是零矩阵。

(2)如果一个方阵是可逆的，那么就不存在一个非零方阵，使它们的乘积是零矩阵。换句话说，要使可逆方阵和另一个方阵的乘积为零矩阵，那另一个方阵必须是零矩阵。

其次，对于其他类型的矩阵，要回答这个问题可不容易，需更多有关求解线性方程组的知识。翻阅任何一本线性代数的课本，你都可以找到答案。

第 4 章

数码照片：矩阵与 PS 技术

1839年，法国科学家达盖尔（Louis Jacques Mandé Daguerre）发明了第一台照相机。从此以后，人类进入了用照片、电影记录历史、传播知识的新阶段。20世纪四五十年代，电子成像技术诞生，人类进入录像时代。到了1975年，世界上第一张数码照片在美国柯达实验室诞生了。此后，随着数码相机、智能手机的相继出现，拍图、拍视频、读图、看视频已经成了人们生活中不可或缺的一部分。

你知道吗，这些图片、视频的保存、修改离不开矩阵。在计算机学家的眼里，一张图片就是一个或几个矩阵的组合。换句话说，你的手机相册其实就是一个装满了矩阵的文件夹。你每一次通过微信发送照片，其实是发送给对方几个矩阵；你每一次用修图App美化你的照片，其实是在修改矩阵；你每一次使用人脸识别功能打开你的手机、进行在线支付、在飞机场或火车站检票，本质上是计算机通过大量的矩阵运算来比对两个矩阵的近似程度。

本章让我们来了解一下计算机学家是如何用矩阵表示照片的。

4.1

对计算机来说,照片就是矩阵

4.1.1 组成数码照片的最小单元——像素

你有没有做过十字绣？十字绣的绣布是图4.1所示的这样带有网眼的特殊布料,这些网眼把绣布分割成了一个一个小格子。通过在绣布的每个小格子里绣上指定的颜色,最后组成一幅美丽的图案。仔细观察你会发现,每一个格子里绣了一种颜色,而整幅图栩栩如生。

图4.1 一幅十字绣作品
（图片来源:Pexels）

数码照片的思路和十字绣基本一样。数码照片是由许多个带颜色的小方格组成的,每一个小方格只有一种颜色。计算机学家把这样具有单一颜色、不能继续分割的小方格叫作像素。图4.2所示是一个由黑色和白色组成的像素图案,它由15行、13列共195个像素方格组成。我们就说这幅图的宽是13像素,高是15像素,或者说这幅图的尺寸是13×15像素。就像十字绣的小方格越多,颜色越丰富,绣出来的图案越精美一样,在同样的物理尺寸下(比如都是30厘米高、40厘米宽的图像),像素的行数和列数越多,颜色的种类越多,说明这幅图的图像越清晰,细节也越多。

我们知道,计算机其实是数字组成的世界,你想过没有,计算机是怎么存储、分析和传输图像的呢？

以图4.2为例,这幅图实际上是由黑色和白色组成的颜色表格。看到表格,你会想到什么？如果表格里填充的不是颜色,而是数字的话,这个表格就是一个矩阵。想到这里就好办了,我们只要把黑色和白色用数字表示,就可以在计算机中存储图4.2了。既然只有两种颜色,而计算机最熟悉的就是数字0和1,那我们就用数字0表示黑色,用数字1表示白色。于是,我们就把图4.2转化成一个图4.3所示的15行13列的矩阵(为了能够更加清楚地将图4.3和图4.2进行对比,矩阵中取0的位置加了阴影)。

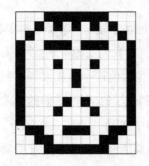

图4.2 一个黑白的像素图案

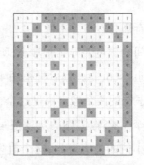

图4.3 表示一个黑白像素图(图4.2)的矩阵

图4.2只有两种颜色——黑和白。如果是多种颜色的图片,怎么办呢? 我们只要给每一种颜色一个"数字代号"就可以了。但是,这个代号必须是全世界统一的,只有这样,网站上的图片才能通过光缆,以数字的形式传输到你的计算机上,你的计算机才能够接受、识别,并把这些数字转化为一模一样的图片。

4.1.2 一张黑白照片=一个矩阵

首先我们来看看黑白照片。黑白照片上的颜色,从纯白到浅灰再到深灰,最后过渡到黑色,有多少种呢? 我们根据人眼的识别精度,把这个过渡分成256个台阶,台阶上的数值从0增加到255,0表示纯黑,随着数字逐渐增大,颜色逐渐变浅,直到数字255表示白色,这个数值我们叫作灰度值。图4.4所示是灰度值分别为0、50、75、100、125、150、175、200、255时所对应的颜色。

定义了256种黑白灰色,一张黑白照片,我们就可以用一个矩阵来表示了。例如,图4.5所示是物理学家爱因斯坦的黑白照片。我们可以看到,这张照片的明暗过渡就比图4.2丰富得多。这张照片的尺寸为1025像素高、1280像素宽,也就是说,这张照片一共有 $1025 \times 1280 = 1312000$ 个像素点。计算机用 1025×1280 的矩阵保存这张照片,我们把这个矩阵叫作灰度矩阵。现在,我们把第600行到第699行、第500列到第599列的像素点取出来,就得到图4.6。

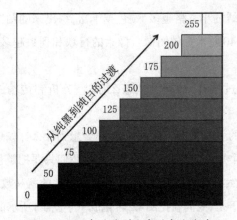

图4.4 从黑色过渡到白色的部分灰度

图4.5 物理学家爱因斯坦的黑白照片
（图片来源：Pexels）

你可能奇怪,图4.5并不像图4.2一样是明显的像素块。这是因为每一个像素块非常小,而相邻两个像素块之间的颜色差异又非常小,所以图片看上去就非常逼真。我们把图4.5中爱因斯坦的领结部分放大,得到图4.6(a)。然后再把图4.6(a)右下角的5行、5列像素值进一步放大,就得到图4.6(b)。图4.6(b)中框选的两个像素块是这个 5×5 像素图中颜色最深和最浅的部分,它们的色差非常小。如果我们把这个 5×5 像素图的灰度值写成矩阵,就是图4.6(c)中的矩阵。观察这个矩阵,很容易发现最大值和最小值的差值为14,这个值只占到256的5.47%,这也就能够解释为什么这些颜色的差异这么小了。

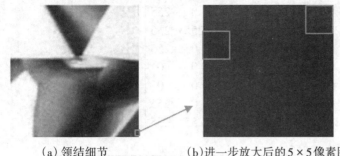

$$\begin{bmatrix} 65 & 67 & 63 & 60 & 67 \\ 53 & 61 & 62 & 59 & 63 \\ 60 & 62 & 60 & 58 & 57 \\ 60 & 61 & 58 & 56 & 59 \\ 56 & 57 & 54 & 56 & 63 \end{bmatrix}$$

（a）领结细节　　　　（b）进一步放大后的5×5像素图　　　（c）5×5像素图对应的矩阵

图4.6　图4.5中的领结部分放大

4.1.3　一张彩色照片=三个矩阵

现在我们来看看，计算机是如何存储一张彩色照片的。首先我们要向画家学习，画家可以将所有的颜色分解为红、黄、蓝三原色的组合。例如，紫色就是红色和蓝色的组合。计算机把一种颜色分解为不同深浅的红色、绿色、蓝色的叠加。首先，类似从纯黑到纯白的变化，计算机把红色、绿色、蓝色按照深浅程度分为0~255的值。然后，对于任何一种颜色，计算机分别用 r 表示红色的取值、用 g 表示绿色的取值、用 b 表示蓝色的取值，这样向量 $[r,g,b]$ 叫作一种颜色的RGB值。图4.7就表示了几种常见颜色的RGB值，例如，黄色的RGB值为 $[255,255,0]$，橙色的RGB值为 $[255,128,0]$。

现在，你应该猜到了计算机怎样保存和记录一张彩色照片了。总体思路和前文中的黑白照片是一样的。一张照片是由一个个小色块（也就是像素）组成的，只不过每一个像素要用三个数字表示它的RGB值。这样，我们把每个像素的红色值存储在矩阵 **R** 中，绿色值存储在矩阵 **G** 中，蓝色值存储在矩阵 **B** 中，并把这三个矩阵叫作图片的RGB矩阵。

图4.8所示是一张彩色图片，它是由7行、7列共49个像素组成的。这幅图的RGB矩阵为

$$R = \begin{bmatrix} 255 & 255 & 255 & 255 & 255 & 255 & 255 \\ 255 & 255 & 255 & 255 & 255 & 255 & 255 \\ 255 & 255 & 255 & 255 & 255 & 255 & 255 \\ 255 & 255 & 0 & 255 & 0 & 255 & 255 \\ 255 & 255 & 255 & 255 & 255 & 255 & 255 \\ 255 & 255 & 255 & 255 & 255 & 255 & 255 \\ 255 & 255 & 255 & 255 & 255 & 255 & 255 \end{bmatrix}$$

$$G = \begin{bmatrix} 255 & 128 & 128 & 255 & 128 & 128 & 255 \\ 255 & 255 & 128 & 255 & 128 & 255 & 255 \\ 255 & 255 & 255 & 255 & 255 & 255 & 255 \\ 255 & 255 & 0 & 255 & 0 & 255 & 255 \\ 255 & 255 & 255 & 255 & 255 & 255 & 255 \\ 255 & 255 & 255 & 0 & 255 & 255 & 255 \\ 255 & 255 & 255 & 255 & 255 & 255 & 255 \end{bmatrix}$$

$$B = \begin{bmatrix} 255 & 0 & 0 & 255 & 0 & 0 & 255 \\ 255 & 255 & 0 & 255 & 0 & 255 & 255 \\ 255 & 0 & 0 & 0 & 0 & 0 & 255 \\ 0 & 0 & 255 & 0 & 255 & 0 & 0 \\ 0 & 0 & 0 & 0 & 0 & 0 & 0 \\ 255 & 0 & 0 & 0 & 0 & 0 & 255 \\ 255 & 255 & 0 & 0 & 0 & 255 & 255 \end{bmatrix}$$

		R	G	B
红色		255	0	0
绿色		0	255	0
蓝色		0	0	255
黄色		255	255	0
深红色		255	0	255
橙色		255	128	0
棕色		128	42	42

图 4.7 几种常见颜色的 RGB 值

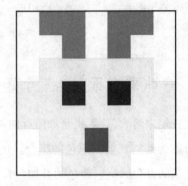

图 4.8 一张尺寸为 7×7 像素的图片

你看,图 4.8 只有 49 个像素点,需要 3 个 7×7 的矩阵来表示,那一张色彩过渡自然、细节丰富的图片需要多大的矩阵来存储呢?图 4.9 左边是一张数码相机拍摄的照片,它的尺寸是 768×1024 像素,也就是说,在计算机中,它被保存为 3 个 768×1024 的矩阵。如果我们把这三个矩阵单独显示出来,就得到图 4.9 右边的三张色调分别为红、绿、蓝的图片。

图 4.9 把一张数码照片的 RGB 矩阵对应的图片分开显示

4.2 修图其实是做数学计算题

现在我们知道，一张彩色数码照片=三个矩阵。修图实质上就是改变矩阵中的数字。可以这么说，你对拍好的自拍照进行美颜操作、给照片换一个滤镜、给照片加上水印、把雪山的背景换成海滩落日的背景……所有这些修图操作，其实都是在做矩阵计算题。

4.2.1 美颜 App 用矩阵运算精修你的照片

现在的手机修图 App 功能都非常强大，拍好的照片有雀斑、眼袋、双下巴或皱纹，这些 App 都可以一键去除。那到底是怎么做到的呢？其实，原理非常简单，修改存储照片的三个矩阵中这些部位对应的数字。

怎么修改呢？我们可以用下面这个小例子来体会一下。图 4.10 所示是一张有"雀斑"的笑脸图片。你一定发现了，这张图片右眼眼角处有一个灰色的"雀斑"。美颜其实很简单，我们观察到，笑脸的脸部颜色是黄色的，所以只需要下面几步操作就可以了。

第一步，这个雀斑的位置是矩阵第 6 行、第 13 列的像素块。

第二步，这个雀斑周围的皮肤颜色是黄色，黄色的 RGB 值为 [255,255,0]。

第三步，把图 4.10 的 RGB 矩阵的第 6 行、第 13 列的元素值分别改为 255,255,0。

第四步，命令计算机重新显示修改后的 RGB 矩阵。

经过上述四个步骤，图 4.10 中的雀斑就被去掉了。我们看到的是图 4.11 所示的美颜后的笑脸图片。

图 4.10　一张有"雀斑"的笑脸图片

图 4.11 美颜后的笑脸图片

这个过程其实和化妆是非常类似的。如果你的脸上有一个雀斑，你先找到这个雀斑，然后观察雀斑附近的肤色，用与这部分肤色相近的遮瑕膏把雀斑盖住。听起来是不是特别简单？这是因为图 4.10 是一张只有四种颜色、15×15 像素的图片。对于相机拍出的真实照片，这个操作会稍微复杂一些。

由于真实照片的色彩是逐渐过渡的，雀斑点周围皮肤的像素的颜色非常接近但又稍有不同，选择任何一种颜色,都会导致过渡不自然。所以,聪明的做法是,利用矩阵乘法运算,把雀斑点及其周围的皮肤的RGB值同时进行修改,使色彩的过渡自然。

实际上,不光是祛斑,美白、大眼、去眼袋、瘦脸、去皱纹等美颜操作,都是利用矩阵计算修改照片中的特定区域的RGB值。这些操作的思路其实和给图4.10祛斑是类似的:找到需要操作的区域,对这个区域的像素点的RGB值进行修改。常用的图片编辑软件Photoshop有很多工具,实际上每一种工具都是一系列矩阵运算的组合。除了Photoshop,我们手机里那些具有一键美颜功能的App也是这样的,通过计算机编程,把寻找和修改的操作全部自动化。因此,当你使用这些App的一键美颜功能时,实际上计算机或手机处理器进行了很多次的矩阵运算。

图4.12所示是一张鼻梁和脸颊带有少许雀斑的模特脸部特写照片,经过美白、祛斑的精修后,呈现出来的照片如图4.13所示。

图4.12 一张带有雀斑的原图(图片来源:Pexels)

图4.13 经过美白、祛斑后的精修图

4.2.2 给照片加上滤镜

除了上述操作,我们还常常给拍好的照片加上各种各样的滤镜。比如,你打开微博上传一张拍好的照片,就可以选择各种风格的滤镜。

实际上,这些滤镜从数学原理上来说,就是对存储照片的RGB矩阵进行指定的运算。有时候,我们喜欢把彩色照片变成一张黑白照片,增加照片的艺术感和怀旧感。接下来,我们就来看看一个黑白滤镜是怎样把彩色照片变成黑白照片的。

其实,数学原理简单得超乎想象——黑白照片的矩阵中的灰度值是彩色照片RGB矩阵的值按照一定百分比组合计算而来的。比如,我们可以选择30%的r值、59%的g值、11%的b值相加,得到黑白照片的灰度值。比如,某个像素点上的RGB值分别为136,150,153,那么黑白照片上这个像素点的灰度值就是

$$136 \times 30\% + 150 \times 59\% + 153 \times 11\% \approx 146$$

按照这个方法,我们可以得到黑白照片的灰度矩阵是30%R + 59%G + 11%B。于是,我们就把图4.9变成了图4.14中的黑白照片。实际上,30%,59%,11%这三个数字的值可以变化。通过调整它们,可以改变照片的明暗度。比如,如果选80%,10%,10%,得到的黑白照片如图4.15所示。很显然,这张照片更暗一些。实际上,根据经验,最合理的取值应该是30%,59%,11%。

除了黑白滤镜,其他的彩色滤镜也都是一些矩阵运算。不同于黑白滤镜只需要计算出一个矩阵,如果要利用彩色滤镜得到一张新的彩色照片,我们要利用原照片的RGB矩阵得到新的RGB矩阵。

接下来,我们来介绍一个将照片处理成怀旧风格的滤镜算法。只要按照以下公式计算加滤镜后照片的三个矩阵:

$$新照片的 R 矩阵 = 0.39R + 0.77G + 0.19B$$
$$新照片的 G 矩阵 = 0.35R + 0.69G + 0.17B$$
$$新照片的 B 矩阵 = 0.27R + 0.53G + 0.13B$$

就可以给一张普通的彩色照片加上怀旧滤镜。图4.16所示是加了怀旧滤镜的照片。

图4.14 利用黑白滤镜把彩色照片变成黑白照片

图4.15 调整参数后明暗度发生变化的黑白照片　　　图4.16 加了怀旧滤镜的照片

除了上述黑白滤镜、怀旧滤镜,还有将照片进行更加艺术化处理的滤镜。比如,油画滤镜、水彩滤镜、动漫滤镜、素描滤镜等。图4.17展示了对图4.9分别加上四种艺术滤镜后得到的照片。这些艺术滤镜本质上都是对照片的矩阵进行运算,滤镜效果变化越大,运算也越复杂。如果你对这些滤镜背后的计算机算法感兴趣,可以阅读相关的专业书籍。

(a) 油画滤镜

(b)水彩滤镜

(c) 动漫滤镜

(d)素描滤镜

图 4.17　对图 4.9 分别加上四种艺术滤镜后得到的照片

4.2.3　给照片加水印

除了给照片加滤镜,我们有时候还需要给照片加上水印。给照片加水印的数学原理也很简单——与黑白滤镜一样,还是用矩阵的数乘和加法。图 4.18 所示是我们把图 4.9 加上一个笑脸水印后的效果。下面我们来介绍一下,计算机只需要简单的几步计算,就可以做到。

图 4.18　一张左下角加了笑脸水印的照片的合成过程

第一步,选定加水印的区域;第二步,修改这个区域的 RGB 矩阵的值。怎么修改呢? 很简单,这个区域像素的 RGB 值都按照原来取值的 70% 加上水印的 RGB 值的 30% 来计算。

例如,某个像素点上原来的RGB值分别为136,150,150,笑脸图片对应位置是白色,所以RGB值分别为255,255,255。因此,加了水印后,这个像素点的RGB值分别为

$$r值:136 × 0.7 + 255 × 0.3 ≈ 172$$
$$g值:150 × 0.7 + 255 × 0.3 ≈ 182$$
$$b值:150 × 0.7 + 255 × 0.3 ≈ 182$$

这就是一个简单的加水印操作的计算原理。

当然,水印的透明度,其实可以通过照片中像素点的取值比例来调节。比如,如果我们把图4.18中的70%和30%分别修改为93%和7%,得到的加水印照片如图4.19所示,显然这个水印更透明一些。

图4.19 水印更加透明的照片

<h2>4.3 怎样给照片"瘦身"?</h2>

4.3.1 压缩一张照片的数学原理是什么?

随着数码相机的功能越来越强大,相机镜头的像素数越来越大,拍摄的照片中细节越来越丰富,存储这张照片的矩阵行数和列数也越来越多,这就是为什么我们手机拍出的照片的文件大小动辄好几兆。

如果仔细观察你就会发现,当你用微信把照片传输给朋友时,如果不选择发送"原图",微信会自动压缩你的照片,传一张经过了压缩的、占用手机容量更小的照片。那你知道,照片的压缩是怎么做到的吗?

与照片的修改算法一样,照片压缩算法也有很多种。按照压缩后的照片清晰度是否有下降,我们可以把照片压缩算法分为无损压缩和有损压缩两种。从数学原理上来说,照片压缩的原理和给照片加滤镜的原理是一样的——都是对原照片的RGB矩阵进行一系列的数学运算,最终得到一组新的RGB矩阵。

接下来,我们分别介绍两种压缩算法的思路。

4.3.2 隔一行删一行——最简单的压缩算法

有时候,一张照片的清晰度非常高,放大很多倍依然非常清晰。如果你看它的像素值,往往达到数千万甚至上亿像素。像素越多,所需要的存储空间越大。但有时候,照片的使用方并不需要这么高的清晰度,只希望照片所占用的存储空间尽可能小。这时,就需要通过删除一部分没必要的细节对照片进行压缩。由于这种压缩使照片损失了一部分细节,因此被称为有损压缩。

最简单的有损压缩算法的原理非常简单,那就是直接删除一部分像素。如图 4.20 所示,如果图片以前由 4 行 4 列共 16 个像素组成,现在我们把偶数行、偶数列的像素块删掉,就变成了一张 2 行 2 列的图片。这样,原来的图片需要用 3 个 4 行 4 列的矩阵来表示,压缩后的图片只需要用 3 个 2 行 2 列的矩阵来表示。而我们也观察到,由于相邻的像素块颜色非常近似,压缩后,图片的色彩布局并没有较大改变。同样的道理,如果我们把尺寸是 2048 × 1024 像素的照片对应的 RGB 矩阵的偶数行和偶数列全部删除,照片就被压缩为 1024 × 512 像素的照片。与原照片对应的矩阵比,这样的压缩方法,压缩后的矩阵包含的像素数量只有原来的 25%,也就是说,数据量只有原来的 25%!

实际上,除了删除偶数行和偶数列,还可以把像素块按照每 9 个像素组成的九宫格为一个单位,每个九宫格中只保留中间的像素,删除外围像素的方法进行压缩。如图 4.21 所示,这样每 9 个像素中,保留 1 个删除 8 个,数据量只有原来的 $\frac{1}{9}(\approx 11.1\%)$!

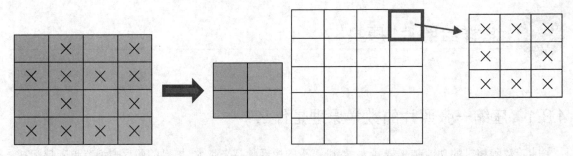

图 4.20 直接删除一部分像素的压缩算法示例

图 4.21 每 9 个像素组成的九宫格中,
只保留中间的像素

4.3.3 矩阵的乘法分解——最常用的 SVD 压缩算法

一个超大的整数,往往分解为两个整数的乘积(只要这个超大整数不是素数,就可以分解)。比如,$65225805 = 7635 \times 8543$。类似地,有些看上去非常大的矩阵,也可以分解为三个不那么大的矩阵的乘积。

比如,图 4.8 的 **R** 矩阵是一个 7 × 7 的矩阵,但可以分解为一个 7 × 2 的矩阵、一个 2 × 2 的对角矩阵和一个 2 × 7 的矩阵的乘积。比起一个 7 × 7 的矩阵需要 49 个数字,分解后的三个矩阵只需要 30 个数字(对角矩阵我们可以只存储对角线上的数字，其他位置不需要存储)。我们把对矩阵进行这样的乘法分解的过程叫作矩阵的奇异值分解(SVD)。

矩阵的SVD涉及矩阵理论中的特征值、特征向量等概念及相应的计算，我们在这里就不展开叙述了。你只需要记住，通过SVD，我们可以找出矩阵非常本质的一些特征，把它们以向量、数字的形式一一罗列出来，并把它们分别叫作原矩阵的 S 矩阵、V 矩阵和 D 矩阵。

在实际操作中，一个大矩阵在进行SVD后，所得到的 S，V，D 矩阵也可能是和原矩阵行数、列数差不多的大矩阵。这时，通过SVD进行数据压缩的思路就无法实现了。为了进行压缩，数学中用近似值代替真实值的思想就要上场了。计算机学家发现，这时有选择性地删掉 S，V，D 矩阵中的一些重要性不高的行或列，得到三个尺寸较小的 S，V，D 矩阵，只要选择得当，新的 S，V，D 矩阵的乘积矩阵与原矩阵之间的误差并不大。有时候，存储图片的数据被压缩到原来数据量的40%，但相应的照片的清晰度还是足够使用的。

4.3.4　视频压缩也是矩阵运算

平时我们在各大视频网站看到的各种各样的视频，其实也和矩阵有关系。实际上，视频是由一张一张的图片组成的。组成视频的每一张图片，都被称为"一帧"。每一秒钟播放的图片数量越多，观众看到的视频就越流畅。一般情况下，每秒钟屏幕上播放的图片数超过20张，就能够基本保证视频的流畅度。

到这里你可能也明白了，一段视频分为画面和声音。画面是由一张张图片组成的，而计算机是用矩阵来保存图片的。因此，视频中的画面就是一个一个矩阵。不过，一秒钟20张照片，一张照片3个矩阵，那10分钟的视频就需要 $3 \times 20 \times 60 \times 10 = 36000$ 个矩阵。因此，直接存储就要耗费非常多的存储空间。那有没有办法可以减少存储量呢？

我们来举一个例子。假设图4.9的拍摄者在拍图4.9时，同时拍了5秒钟的视频，画面中树叶在微风下轻轻抖动。视频中，每一秒钟记录30幅画面，这5秒共有150幅画面。这150张图片，除了抖动的树叶，其他的如花苞、背景都是静止的，因此它们和图4.9非常相似。

计算机学家敏锐地发现了这一点，那就是视频中的一帧图片和它之前、之后若干帧的图片往往是很相似的。图片的相似度高，就意味着对应矩阵的相似度高。因此，计算机学家利用矩阵运算将这些矩阵进行了简化，使矩阵的数量变少，就可以压缩存储空间。在播放时，又可以通过计算将简化掉的矩阵进行还原，虽然在压缩的过程中不可避免地会损失部分信息，但一般情况下，损失的信息量并不大，观众并不会发觉视频的清晰度、流畅度下降了。

4.3.5　压缩的反操作——照片恢复

随着计算机行业的高速发展，压缩领域的算法越来越多，越来越复杂，压缩效率也越来越高，特别是各种人工智能算法更是层出不穷。这些算法，其本质都是对图片的RGB矩阵进行一番复杂的矩阵运算,使运算结果比原始矩阵所需的存储空间更少。不过,进行的运算越复杂,在对压缩后的数据进行解压缩时,所进行的逆向运算量也就越大。因此,也就对计算机的运算能力提出了更高的要求。

另外,压缩效率越高,照片中一些毫末之间的细节也就被抛弃掉了,得到的图片和原图比,清晰度就差了一些。比如,微信的压缩算法的压缩效率就极高。你用微信发照片给你的朋友,如果不选择发送"原图",微信会自动压缩你的照片。一张千万像素级摄像头的手机拍摄的原始照片的存储容量至少三百万至五百万字节,微信发送出去的图片,压缩之后大概只有几万字节。因此,被微信压缩过的照片清晰度是远低于原图的。如果你的朋友仅仅是在手机上浏览,由于手机屏幕不大,很多细节其实也显示不出来,所以你和他都察觉不到照片和原图比损失了很多细节。但如果你的朋友要把这张照片拿去放大,印刷成一张大海报,他就会发现,这张照片一放大就成了马赛克图片,根本没法用。

这时,你的朋友一定会和你说,把原始图片发给他。但是,如果原始图片遗失了,该怎么办呢?

最近,谷歌公司提出了一种人工智能算法,可以将压缩后不太清晰的照片,还原成高清晰度的照片。这个算法的思路,与在故宫里修补文物的思路很相似。一个文物修复师能够把一堆瓷器残片修复为一个漂亮的瓷瓶,这些瓷器残片是刚出土的文物,活人都没见过它完好时候的样子,这时修复师的经验就起了关键作用。一个拥有几十年经验的老师傅,过眼的文物上万件,他们完全可以在这些经验的基础上进行创作,通过自己的想象,把残缺的部分画出来,再制作好,补上去。也许和这件文物原始的样子有些许差异,但优秀的老匠人能够使修补后的文物看上去天衣无缝,这背后完全是几十年经验积累的结果。谷歌公司的这个照片恢复算法也是这样的思路。首先,给计算机大量原始图片和相应的有损压缩图片进行学习,通过比对原始图片和压缩后图片之间的差异,让计算机总结出二者之间的潜在数学关系。然后,计算机利用这个数学关系计算出原始图片在有损压缩中缺失的那部分数据,从而恢复原始图片。与修补文物类似,这种恢复也不可能做到100%和原始图片一样,在细微处必然存在差异,但这种差异肉眼几乎分辨不出。

你可能要问,人类修复文物残片,一个师傅做到炉火纯青需要几十年的经验,而对计算机来说,好像也就是几个小时最多几天的时间就学会了修复图片,计算机为什么这么强大? 实际上,计算机也没有其他技巧,用一句老话总结,无他,唯手熟耳! 对人类而言,做一道简单的一百以内的加法计算题需要1~3秒,而一台普通家用计算机一秒钟可以进行上亿次计算。因此,计算机积累经验的时间就比人类短得多。举一个例子,谷歌公司开发的围棋对战人工智能阿尔法狗,仅仅几个月的时间,就学完了有史以来人类积累的所有棋谱、棋局,并进行了3000万次围棋对弈训练。然后,阿尔法狗打败了全世界最顶尖的围棋手。而一个人类棋手,假设下一局棋需要半小时,3000万次围棋对弈,需要大约1712年! 更可怕的是,第二代阿尔法狗,研究人员改变了它的学习和训练方法,在仅仅教会它围棋的下棋规则,而没有教给它任何人类下棋的经验的情况下让它从0开始自学,仅仅用了3天时间,它就训练了上百万次,走完了人类一千年的围棋历史,打败了第一代阿尔法狗。在左右互搏的自我探索中,阿尔法狗总结出了人类从没见过的围棋技巧。中国棋手柯洁曾经评价阿尔法狗说,"对于阿尔法狗的自我进步来讲,人类太多余了。"可以形象地说,阿尔法狗就是围棋界的独孤求败,它领悟了人类从不知晓的对弈技巧,到达了人类尚未到达的围棋境界,参透了人类无法理解的围棋哲学。

不过,你也不要灰心,人工智能在围棋上战胜人类,并不代表其已经全面超越人类。计算机之所以在围棋、象棋等棋类游戏领域能够迅速打败人类，是因为这些游戏规则明确，更适合计算机分析和计算，人类擅长的很多领域，计算机的水平还停留在幼儿的层次上。比如，在自然语言理解、图像理解、推理、决策等领域，人工智能就远不能达到人类的水平。所以，人工智能要追上人类、超越人类还有很长的路要走。

 ## 4.4　改变人类生活的人工智能算法离不开矩阵

4.4.1　人工智能要让计算机像人类一样思考

在科学史上，第一个提出人工智能这个概念的是英国数学家艾伦·图灵（Alan Mathison Turing）。1936年，他在论文《论可计算数及其在判定问题上的应用》中，提出图灵机模型。图灵机模型是最早的计算机理论模型，它描述了一个理想状态下的可以代替人类进行复杂数学运算的机器的构造及运行原理。

1950年10月，图灵又发表了开启人工智能研究的划时代之作——《机器能思考吗?》。在这篇文章中，图灵从哲学的角度对人工智能的可能性进行了严肃的探讨。他认为，不出几十年，计算机一定可以像人类一样思考，拥有人类的智慧。并且，他还提出了判断计算机是否具有人类智能的标准——图灵测试：如果一台机器能够与人类展开对话而不被对方辨别出其机器身份，那么称这台机器具有人类的智能。

此后，一代又一代计算机科学家都为了给计算机赋予人类的思考能力而不懈努力。各种人工智能的数学模型陆续被提出来，最终形成了人工智能的三大流派：符号主义流派、联结主义流派和行为主义流派。

符号主义流派认为，要使计算机具有人类的思考能力，就要赋予计算机逻辑推理的能力。利用数理逻辑理论，符号主义学者使计算机能够像人类一样进行逻辑推理，并以此为基础开发了专家系统。专家系统的运行逻辑是，人类专家通过人机交互，把他们所掌握的知识输入知识库中，知识库中所存储的知识可以为计算机进行逻辑推理提供判断依据。当有用户向专家系统提出问题时，计算机通过知识库进行查询、推理，给出答案和原因。举例来说，如果有人问，鸽子有羽毛吗？计算机通过检索，得到有关鸽子的知识：鸽子是鸟类；鸟类都有羽毛。经过简单的逻辑推理，专家系统给出答案："鸽子有羽毛，因为鸽子是鸟类，鸟类都有羽毛。"专家系统的成功开发与应用，使人工智能从理论研究走向工程应用，因此它对于人工智能具有划时代的重大意义。然而，专家系统也有其不足，人类专家输入专家系统的知识往往是一些经验的集合，对于同一种情况，不同的专家输入的知识可能存在矛盾，此时计算机就无法通过逻辑推理给出正确答案。

联结主义的理论基础是仿生学,即通过模仿人类大脑的生理结构,使计算机拥有类似于人类的智力。通过观察人脑中神经元的生理特征,心理学家麦克洛奇(W.S.McCulloch)和数理逻辑学家皮兹(W.Pitts)建立了单个神经元的数学模型——MP模型。从MP模型出发,联结主义学者提出了模拟人类大脑神经网络的数学模型——人工神经网络模型。从1943年MP模型提出到今天,人工神经网络模型经历了几次发展的高潮和低谷,从最初的只有输入层和输出层的单层神经网络,到目前的包含自学习机制的多层神经网络——深度学习神经网络。目前,以多层神经网络为基础的深度学习算法,几乎统治了人工智能的研究和应用。特别是在图像识别、语音识别、棋类游戏等领域,深度学习算法展现出极其强大的能力。在4.3.5小节中,我们提到的谷歌推出的修复照片算法、下围棋的阿尔法狗都是基于深度学习算法开发的。

行为主义流派则认为,生命体的行为是其对外界环节的感知和反应,大脑不断地接受外界信息,并以此为基础进行计算,最终形成动作指令,控制身体作出合理的反应。受到20世纪四五十年代维纳(Wiener)、钱学森等控制理论科学家的影响,早期的行为主义研究工作的重点是模拟人在控制过程中的智能行为和作用。到了20世纪80年代,智能控制和智能机器人系统的研究开始兴起。2016年,美国科技公司波士顿动力开发的智能行走机器人Atlas就是基于行为主义流派的"感知—行动"模型发明的。经过不断的训练,目前Atlas已经具备在复杂的外部环境中自主控制姿态、步速,自主规划行走路线等能力。图4.22所示是波士顿动力公司经过训练的机器人、机器狗随着音乐旋律跳街舞的照片。

图4.22　波士顿动力公司开发的四足机器狗、双足机器人在跳舞

目前,三种流派相互促进、融合发展,使人工智能达到了一个新的高峰,也使人工智能算法从实验室走入人们的生活,为人类社会带来巨大的变革。拿出手机,你可以与手机中的人工智能对话,手机可以帮你导航、把你说的话转成文字记录下来。在医院里,病人拍的CT片可以交给人工智能诊断,诊断的准确率甚至超越了人类医学专家。在飞机场、火车站刷一下脸,人工智能就能识别出你是谁,要乘坐哪个航班、车次,并告诉你要去哪里等候……毫不夸张地说,人工智能几乎把人类生活的方方面面都改变了。其中,有关人脸识别的人工智能算法尤其应用广泛。当你拿出手机拍照时,摄像头自动捕捉镜头中的人脸;当你购物支付时,刷一下脸,就可以完成支付。

可以说,人脸识别是现在应用最广泛、改变我们生活方式最深入的人工智能之一。

4.4.2　一个水果店的例子

我们先来看一个案例。还记得第3章我们介绍过的经营水果店的阿明吗？最近,他在店里推出了会员卡业务,会员卡分两种:普通卡和VIP卡。普通卡只需要登记部分个人信息即可办理,用于记录消费积分,每消费1元积1分,每50积分可以抵现1元。VIP卡则需要预付款至少1000元,每充值1000元送100元代金券,且享受普通卡的积分抵现活动。

一个月以后,大部分老客户都办了会员卡,有的人办的是普通会员卡,有的人办的是VIP卡。阿明的会员卡信息档案中,记录了平均周到店次数、平均周消费额。我们能不能利用这些信息预测新客户的办卡决策呢？

我们分别用x_1,x_2表示平均周到店次数、平均周消费额;用y表示客户的办卡决策,$y=0$表示客户选择普通卡,$y=1$表示客户选择VIP卡。如果一共有80个会员的信息,那么我们把每一个会员的信息写成一行,就得到一个80行、2列的矩阵X,再用$y_1,y_2,\cdots,y_{80}$表示这80个客户的会员性质(=1表示VIP卡客户,=0表示普通卡客户)。为了对一个新客户的决策进行预测,我们建立一个简单的计算模型:

$$\hat{y}=\begin{cases}1, & w_1x_1+w_2x_2+b\geq 0 \\ 0, & w_1x_1+w_2x_2+b<0\end{cases}$$

其中,w_1,w_2是两个因素的重要性权重,b是常数,$\hat{y}$表示对客户决策的预测。一般我们把w_1,w_2,b叫作待定参数,把$\hat{y}$叫作预测值。只要确定了w_1,w_2,b,当掌握了一个新客户的平均周到店次数、平均周消费额这两个信息,就可以利用这个模型预测新客户的办卡决策了。问题是,怎么确定w_1,w_2,b呢？

答案是,利用现有数据进行计算。为了便于理解,我们把这个问题可视化。我们把现有办卡用户的信息画在图4.23所示的直角坐标系中,这个直角坐标系有一个特点,一组w_1,w_2,b决定坐标系中的一条直线。这个问题可以理解为,找到一组w_1,w_2,b,使所对应的直线恰好将普通卡用户和VIP卡用户分隔开。显然,图4.23中的直线1和直线2比直线3好,因为它们完美地将现有用户分为两部分。而直线1和直线2相比,哪个更好一些呢？这就需要给出一个评价标准。我们把评价标准设置为:对现有的数据,预测结果和真实结果的总误差最小。根据这一标准,我们选择直线2。

现在,我们就可以进行预测了。这周,有四个新客户有办卡意向,阿明观察得到他们的周到店次数和周消费额。然后,他把这个信息画在图4.24中。如果对应的点位于直线2的左侧,我们就预测这个客户会选择普通卡;如果对应的点位于直线2的右侧,我们就预测这个客户会选择VIP卡。

一周以后,这四个客户陆续办理了会员卡。事实说明,三个客户的决策和预测相符,但有一个客户被误判了,模型预测他会办理VIP卡,但实际上他办理了普通卡。这说明根据原来客户的数据所计算出的直线2并不完全准确,因此根据新增数据,我们再次调整了w_1,w_2,b的取值,得到新的分割线——图4.24中的直线1。

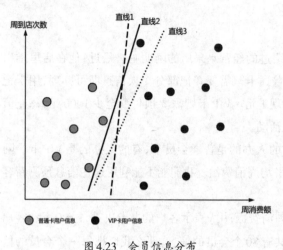

图 4.23　会员信息分布

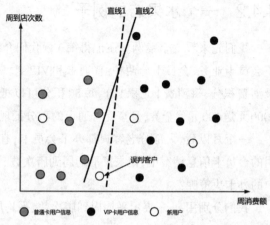

图 4.24　对新客户的预测,利用新客户数据修正模型

4.4.3　人工神经网络的结构

实际上,水果店的例子演示了人工神经网络模型所能解决的问题及其基本运行原理。现在,假设我们有一些数据,其中一部分数据我们称为输入信息,比如水果店例子中的周到店次数、周消费额,而另一部分数据我们称为输出信息,比如水果店例子中的会员卡类型。输入信息中包含影响输出信息的因素,而人工神经网络的功能就是找出输入信息和输出信息之间的统计关系,并进行预测。

人工神经网络的基本构成单元是单个神经元。图 4.25 所示的神经元,就是我们在水果店例子中所使用的模型。模型的输入信息有两个:x_1, x_2,它们的重要性权重分别为 w_1, w_2,然后和偏置量 b 求和,得到 $w_1 x_1 + w_2 x_2 + b$,这个值可以看作对神经元的刺激度。根据刺激度,神经元作出反应,输出信息 y。把 $w_1 x_1 + w_2 x_2 + b$ 转化为输出 y 的函数我们称为激活函数。最简单的激活函数是根据刺激度大小是否达标,输出 1 或 0。具体来说,如果刺激度的阈值为 a,那么当刺激度达到阈值 a,即当 $w_1 x_1 + w_2 x_2 + b \geq a$ 时,输出 $y = 1$;当刺激不足时,输出 0,即当 $w_1 x_1 + w_2 x_2 + b < a$ 时,输出 $y = 0$。当然,激活函数的形式有很多种,这里选用了最简单的一种。

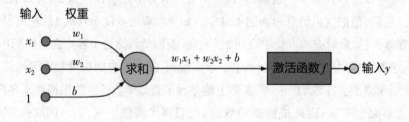

$$y = f(w_1 x_1 + w_2 x_2 + b)$$

图 4.25　单个神经元的数学模型

现在,如果我们遇到一个比较复杂的问题:要构建一个类似于图 4.25 的数学模型,发现三个输入信息 x_1, x_2, x_3 和两个输出信息 y_1, y_2 之间的内在联系。因此,我们构建图 4.26 所示的模型。这个模型由两

个神经元组成。第一个神经元构建了输入信息 x_1, x_2, x_3 和输出信息 y_1 之间的函数关系:

$$y_1 = f(w_{11}x_1 + w_{21}x_2 + w_{31}x_3 + b_1)$$

第二个神经元构建了输入信息 x_1, x_2, x_3 和输出信息 y_2 之间的函数关系:

$$y_2 = f(w_{12}x_1 + w_{22}x_2 + w_{32}x_3 + b_2)$$

在图4.26中,我们省略了图4.25中的求和和激活函数的部分,但实际上这些计算步骤依然存在。显然,这两个神经元形成了一个从输入信息到输出信息的网,因此我们把 x_1, x_2, x_3 所在的层称为输入层,y_1, y_2 所在的层称为输出层。

图4.26展示了人工神经网络模型最初的结构:由输入层、输出层组成的两层网络结构。但两层网络结构具有很大的缺陷,对于一些较为复杂的问题,即使训练数据庞大,预测效果也并不好。为了提升预测的准确性,多层网络就流行起来。图4.27所示是一个三层的神经网络,输入层参与运算的神经元输出是中间信息,我们把这个中间信息(图中中间一列的点)称为隐藏层。隐藏层信息作为输入进入下一层神经元,最终经过多层神经元运算,得到输出层 y_1, y_2。

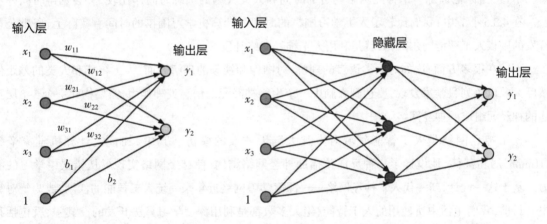

图4.26 一个包含输入层和输出层的神经网络　　　图4.27 一个三层的神经网络

随着所要解决的问题越来越复杂,神经网络的层数也不断增加,有时候一个神经网络的层数可以达到几十、几百层。

4.4.4 神经网络的必经之路——训练和学习

当一个神经网络建立之后,输入信息与输出信息之间的函数关系的大致类型就基本确定了。在水果店的例子中,当图4.25中的神经网络确定后,顾客的办卡意向 $\hat{y}$ 与顾客信息 x_1, x_2 之间的关系就可以用函数

$$\hat{y} = \begin{cases} 1, & w_1x_1 + w_2x_2 + b \geq 0 \\ 0, & w_1x_1 + w_2x_2 + b < 0 \end{cases}$$

表示。不过,这个函数关系中的参数 w_1, w_2, b 尚未可知。在水果店的例子中,我们利用现有会员的信息,计算出了参数 w_1, w_2, b 的值。我们把这个利用现有信息确定参数的过程,称为对神经网络的训练,

又称为神经网络的学习过程。图4.28表示了一个神经网络从建立到投入使用的全过程,我们把这个过程与确定函数的自变量和因变量之间的关系的"待定系数法"进行了类比。不同的是,你在习题集中所做的待定系数法,函数关系非常简单,需要待定的系数也不多。而人工神经网络需要待定的参数往往以亿计,已知条件以千万计,整个训练过程需要进行大量的大矩阵运算,即使最先进的计算机,可能也需要几天甚至几十天的训练时间。

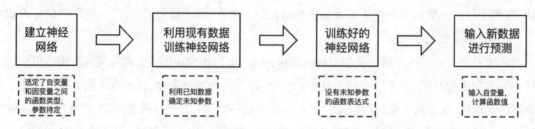

图4.28　一个神经网络从建立到投入使用的全过程

不过,当你把训练一个神经网络耗费的时间和人类大脑的训练时间作比较,又会觉得时间并不长。在4.3.5小节中,我们比较了人类学习围棋的时间和计算机学习围棋的时间。实际上,谷歌公司开发的围棋人工智能阿尔法狗,就是利用人工神经网络开发的。

不过在很多方面,比如对人类语言的理解、对图像和视频的理解方面,人工智能和人类的差距依然巨大。以色列科学家发现,要达到人脑中一个生物神经元的信息处理能力,需要构建一个5~8层互连的神经元组成的神经网络。

人工神经网络是人工智能领域对人类大脑天才般的模仿。其中,加拿大计算机学家辛顿(Hinton)居功甚伟,他设计了一种反向传播的神经网络结构,使神经网络实现了从错误中学习的能力。基于这一设计,新一代人工神经网络——深度学习网络近年来一统人工智能的江湖,成为绝对霸主。目前,我们生活中所使用的人工智能,绝大多数都是利用深度学习算法开发的。其中,就包括我们每天刷脸支付所需要的人脸识别算法。

4.4.5　计算机认人和你认人的过程是类似的

首先,我们来介绍一个人脸识别的场景:阿明家所在的社区最近安装了智能人脸识别门禁系统。社区的每个居民只要去物业中心,对着一个摄像头完成人脸数据的采集,以后进小区的大门、单元楼门,只要把脸对着摄像头,门就会自动打开,再也不用带门禁卡了。实际上,这种人脸识别系统目前已经在很多场景实现了应用。例如,用人脸识别系统进行考勤打卡;坐火车、飞机通过安检要利用人脸识别;网上购物付款时进行扫脸验证,等等。可以说,人脸识别已经成了我们生活中每天都要遇到的事情。

计算机是怎么做到又快又准确地识别人脸呢? 实际上,人脸识别是人工神经网络算法在现实中最成功的应用之一。

图4.29所示是阿明所居住的社区的门禁系统的人脸识别算法的运行过程。

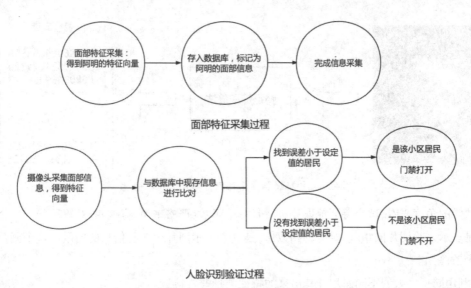

图 4.29　人脸识别算法的运行过程

首先，系统需要采集并存储社区居民的面部信息。你可能以为，这个面部信息就是几张面部特写照片，其实并不是。实际上，计算机所做的是利用摄像头采集的人脸照片进行一些计算和分析，最终得到的是一个有一百多个分量的向量，我们把这个向量称为"面部特征数据"。当信息采集完成之后，计算机把这个记录"面部特征数据"的向量作为居民的面部信息存入数据库。阿明的数据，我们用 $x_{阿明}$ 表示。

当一个人在小区大门口对着摄像头进行验证时，摄像头将实时采集他的面部特征向量，我们把这个向量用 y 表示。然后搜索所有录入系统的人脸特征数据库：如果能够在数据库中找到一个特征向量与 y 差距足够小，那么系统就认定来者是这个特征向量所对应的小区居民，于是打开门禁；如果找不到，系统就认定来者不是该小区居民，拒绝开门。

这里需要提醒你的是，假设这个来者是阿明，两次采集的向量 $x_{阿明}$ 和 y 并不完全相等。这是因为两次采集中阿明的表情、距离摄像头的位置、环境灯光等因素的影响。

你有没有觉得这个过程和你上了初中，熟悉和记住同班同学的过程很类似？面部信息采集环节，就是开学前一两周，你记住每个同学长相的过程。而人脸识别环节，就是有一天你在校门口遇到一个同学，判断他是谁的过程。

人类记住他人长相的方式，是通过总结出一个人的长相特征。比如，甲黑头发、高鼻梁、双眼皮、戴眼镜、皮肤偏白，乙头发偏黄、厚嘴唇、单眼皮、右脸有颗痣。这些特征其实是长期社交经验的总结。

人类总结出的诸如肤色、发色、眼睛大小、鼻梁高度，对于计算机来说是没有意义的。当计算机读取了一张面部彩色照片，其实它读取了三个矩阵。当计算机读取了一张面部黑白照片，其实它读取了一个矩阵。如图 4.30 所示，计算机需要一个把这个 384×286 的矩阵转化为特征向量的特征提取算法。

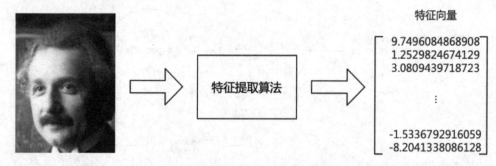

图 4.30　特征提取算法把照片转化为特征向量

从数学的角度来看,这个特征提取算法就是一个函数(严格来说,应该叫作"算子")。这个函数的自变量是表示人脸图片的矩阵,对应的函数值,是一个表示图片中人脸信息的向量。这个函数要满足以下两个条件。

(1)利用同一个人的不同照片计算出来的特征向量非常接近。

(2)利用不同人的照片计算出来的特征向量差异很大。

构造这个函数的方法,其实和4.4.2小节中我们为水果店老板阿明找出预测用户办卡意向的方法类似。我们需要构建一个人工神经网络,并用已有的数据对这个神经网络进行训练,最终找出满足条件的特征提取算法。

4.4.6　熟能生巧——数百万次的训练,才能做到过目不忘

为了使计算机能够找到一个合适的特征提取算法,科学家先建立了一个包含多个隐藏层的、具有特殊结构的人工神经网络,我们称之为深度学习网络。这个神经网络的输入信息是人脸特写的照片,输出信息是计算机从照片中提取出的特征向量。由图4.28可知,神经网络建立后,从照片到特征向量的函数的大致表达式就确定了。接下来,就是通过训练这个神经网络,把这个复杂函数中的待定参数确定下来。

有多少个参数需要确定呢? 这取决于网络中隐藏层的数量及每一层神经元的数量。第一个被用于进行图像识别的深度学习网络包含8层共650000个神经元,需要确定的参数数量高达6000万! 随着网络深度的加深,参数数量呈指数级增长。此后,为了提高识别准确率,网络深度达到几十层、上百层。到了2016年,达到了1207层。可想而知,需要确定的参数以十亿计! 不过别怕,计算机可以搞定。接下来,就需要找到一些现成的面部图片数据对这个网络进行训练了。

首先,要找到一个用来训练神经网络的面部图片数据库。这个数据库要有足够多的脸部照片,并且同一个人的照片至少十几张。这样的数据库有很多,比如哥伦比亚大学公众人物脸部数据库就收集了200个人的58797张脸部照片。

接下来,训练就正式开始了。每一次训练,分下面几步。

第一步,选择训练样本。从训练数据库的200个人中随机选择一个人A,从A的照片中随机选择两张(用A_1和A_2表示),再从剩余199个人中任选一个人B,并从B的照片中随机选择一张(用B表示)。

第二步，输入训练样本进行训练。把选好的照片 A_1，A_2，B 输入神经网络，分别得到三个特征向量 α_1，α_2，β。微调网络中的参数，使 $\alpha_1 - \alpha_2$ 很接近，而 α_2 和 β 有较大差异。

这样的训练，要历经几百万次。在训练中，计算机发现有些神经元之间的关联性不大，于是就把相应的连接剔除掉，从而减少了参数的数量。通过不断发现、不断压缩，最终形成的网络连接和参数数量骤降，甚至降到初始网络的 $\frac{1}{800}$。经过不间断的训练，神经网络可以将一幅人脸图像转化为一个最多只有一百多个分量的向量，并且能够把同一个人的任意两张照片转化为几乎相同的向量，而不同人的照片有较大差异。

你可能会疑惑，这个神经网络对于训练数据库中的人脸进行识别，达到上述要求是不难的，毕竟经过了数百万次的训练。可是，对训练数据库以外的人，也能达到很好的识别效果吗？是的，从2012年辛顿的科研团队利用深度学习网络进行人脸识别以来，经过训练的神经网络的面部识别能力越来越强。训练数据库以外的人脸，识别的正确率都超过98%。

虽然都是用深度学习神经网络进行人脸识别，但是网络的结构、激活函数的选择等都各不相同。因此，一个新的深度学习网络在训练结束后，为了验证其识别效果，都要进行性能测试。也就是对训练数据库以外的人脸，看看算法的识别效果怎么样。打一个比方，这有点像武侠小说中，闭关修炼神功的侠客要出关了！

首先，我们要选择和训练数据库完全不同的脸部数据库作为测试数据库，这个数据库中的人与训练数据库完全不同。比如，我们可以选择由香港中文大学汤晓鸥教授实验室公布的大型人脸识别数据集。

测试有以下几种形式。

1. 测试计算机是否可以辨认同一个人的不同照片

从测试数据库中随机选择一个人，并随机选择这个人的十张照片。依次把这些照片输入神经网络，得到十个特征向量。比较这些特征向量，如果它们的差异小到可以忽略不计，说明计算机能够辨认同一个人的不同照片，测试通过。

2. 不同人的输出结果

这个测试分以下两种方式。

（1）测试计算机是否可以区分不同长相的人。从测试数据库中随机选择两个人 A 和 B，从 A 和 B 的照片中各随机选择一张。输入网络，如果输出的向量存在较大差异，说明计算机能够区分两个不同的人，测试通过。

（2）测试长相相似的两个人的输出结果。从测试数据库中找到两个长相非常相似的人（比如双胞胎）张三和李四，从张三和李四的照片中各随机选择一张。输入照片，得到两个向量，比较这两个向量。如果两个向量存在较大差异，说明计算机能够区分两个长相相似的人，测试通过。

测试需要进行数百万次，并计算测试通过的占比情况。当准确率达到一定的要求，神经网络就可以开始使用了。这时，把训练完成的神经网络固定下来，就可以投入应用了。我们常常说有人过目不忘，只见一面就能快速记住别人的长相，而有的人是脸盲，需要见过三五次，才能记住一个人的长相。经过数百万次训练的人脸识别算法，可以做到真正的过目不忘。只要把一个人的面部图像提取为特征向量存入这个人的数据库，利用图4.29中的流程，他就能够在下次准确识别出来。

4.4.7　深度学习，不仅仅能学认人

实际上，深度学习网络不仅仅用于人脸识别。只要是对图像进行分类、识别的场景，都可以用上述的思路教会计算机。

比如，计算机科学家建立了一个与人脸识别类似的深度学习神经网络。训练数据集为包含肺癌患者的肺部CT图像和健康人的肺部CT图像的图像集。经过训练，神经网络对通过分析一张肺部CT图像来判断患者是否患肺癌的准确率甚至超过了人类医学专家。利用这个技术，医院可以快速对一个病人完成初步诊断，大大提高了医生的工作效率。

再比如，谷歌、百度等搜索网站提供的搜图功能，就是利用深度学习先教会计算机识别图片中的物体，然后再检索网络中具有相似物体的图片。这一功能也常常被购物网站使用，你想买一件衣服，把这件衣服的照片输入购物App，网站就会搜索出相似服装的购物链接。这些功能背后的算法，都是利用深度学习神经网络技术开发的图像识别算法。

除了对图像进行识别，深度学习神经网络也可以用于识别一段视频中出现的某些特定物体。比如，十字路口的交通摄像头拍下违反交规闯红灯的车辆的视频，系统首先截取视频中的一些关键画面，从中识别出车牌号、驾驶员面部特写照片等信息，再交给管理员审核，对违规的驾驶员进行行政处罚。

第 5 章

计算机绘画：用矩阵创造艺术

当我们使用文字编辑软件时，有时候需要把一段文字变成斜体；当我们用计算机绘图软件画图时，常常会进行拉伸、旋转、对称等操作。你知道计算机是怎么完成这些任务的吗？首先，需要在绘制图形的区域建立坐标系——给空间定出方向、单位长度，这样计算机才能快速定位画笔和每个图形的位置。然后，标记画笔、点的位置，就需要用到矩阵了。接下来，计算机通过矩阵运算实现这些图形和文字的变形操作。

5.1 意义非凡的平面直角坐标系

5.1.1 认识平面直角坐标系

我们从小学就开始接触坐标系,所以当我们在生活中使用坐标表达一个位置时,你可能习以为常。但在数学的发展历史上,坐标系的出现具有跨时代的意义。有了坐标系的概念,数学研究的两个对象——"数"和"形"就被紧密地结合起来了。数学家有时候会用"数"描述、分析"形",有时候会用"形"更直观地展示"数"。

"坐标系"的概念是16世纪法国数学家笛卡尔(René Descartes)提出的,数学家们利用他的思路,陆续构建了许多坐标系。其中,最知名、应用最广泛的,一个是笛卡尔构建的直角坐标系,另一个是牛顿(Isaac Newton)构建的极坐标系。我们又常常把笛卡尔发明的直角坐标系称为笛卡尔坐标系。

请你拿出一张纸,我们来建立一个平面直角坐标系。首先,画两条相互垂直的射线,一条水平、箭头向右,一条竖直、箭头向上,两条射线的交点就是坐标系的原点O。然后,规定单位1的长度,并依次给两条射线标上刻度:在水平向右的射线上,原点的右边为正数,原点的左边为负数;在垂直向上的射线上,原点的上方是正数,原点的下方是负数。这样,这两条相互垂直的射线就是坐标系的两个数轴,我们把水平向右的那条称为x轴,垂直向上的那条称为y轴。x轴和y轴统称为坐标轴。于是,一个图5.1所示的平面直角坐标系就建好了。

下面让我们给图5.1中的点A定位。

第一步,过点A作y轴的平行线,与x轴相交于一点,读出这一点在x轴的刻度值2。

第二步,过点A作x轴的平行线,与y轴相交于一点,读出这一点在y轴的刻度值1。

第三步,用有序数对(2, 1)表示点A的坐标。

请在你的白纸上随便点一个点,标记为点A,用同样的方法来得到点A的坐标。在平面直角坐标系中,我们可以用一个有序数对(x, y)来表示一个点。

反过来,如果给出一个表示坐标位置的有序数对$(-1, 3)$,也可以通过下面的步

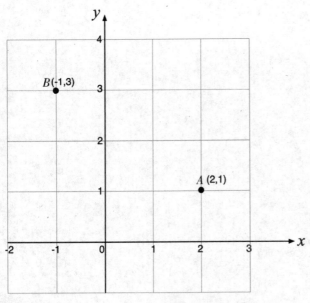

图5.1 平面直角坐标系中坐标为(2, 1)的点A和坐标为$(-1, 3)$的点B

骤找到对应的点 B。

第一步,过 x 轴上刻度为 -1 的位置,作 y 轴的平行线。

第二步,过 y 轴上刻度为 3 的位置,作 x 轴的平行线。

第三步,两条平行线的交点即为有序数对 $(-1, 3)$ 对应的点 B。

请你随手写出一个有序数对,用上面的方法,在你的坐标系中找到与这个有序数对对应的点。可能你会写下绝对值很大的数字,比如 $(-10000, 30000)$,而你规定的单位1的长度为1cm,那么这张白纸上就找不到这个有序数对所表示的点了。但是,请你想象一下,假如这张白纸可以无限延伸,是不是一定能找到这个点?

通过上面的操作,我们可以得到下面这个结论:如果有一个平面,可以无限向外延伸,那么只要我们在这个平面上建立一个坐标系,这个无限延伸的平面上的任意一个点 A,都可以找到唯一的有序数对 (x, y) 与这个点对应。反过来,如果你写出任意两个实数组成一个有序数对,也可以在这个平面上找到唯一的点与这个数对应。

可以这么说,坐标系的出现,使点的集合和数的集合之间形成了一对一的配对。这样的配对,就像是给平面上所有的点都设定了独一无二的数字标签。

5.1.2　坐标系可以让函数和方程有"颜"

有句流行语叫作"始于颜值,陷于才华,终于人品",这说明我们认识一个人,往往是从他(她)的长相开始,但最终决定我们是不是真的喜欢他(她),还得看才华和人品。有了平面直角坐标系,我们认识函数和方程也可以"始于颜值"了。

比如,函数 $y = 2x + 1$,当自变量 x 取值为0,就得到了对应的 y 的取值为1,把这两个值写成一个有序数对就是 $(0, 1)$,就可以在直角坐标系中找到 $(0, 1)$ 对应的点。类似地,如果把每一个自变量 x 的取值和与之对应的因变量 y 的取值 $2x + 1$ 写成有序数对 $(x, 2x + 1)$,并在坐标系中标出这个点的位置,我们就得到了图5.2所示的函数 $y = 2x + 1$ 的图像——一条

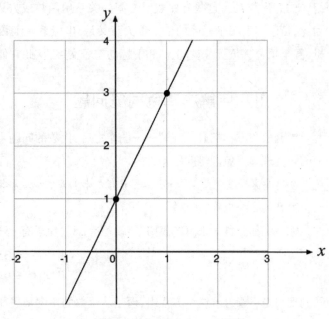

图5.2　函数 $y = 2x + 1$ 的图像

经过点 $(0, 1)$ 和 $(1, 3)$ 的直线。从方程的角度来看,$y = 2x + 1$ 也可以写作 $-2x + y = 1$,而这个方程的解就是直角坐标系中经过点 $(0.5, 2)$ 和 $(0, 1)$ 的直线。

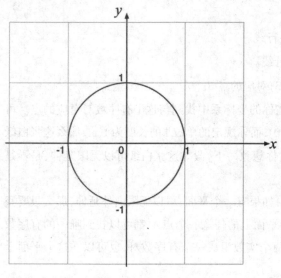

图 5.3　以原点为圆心,半径为 1 的圆的坐标满足方程 $x^2 + y^2 = 1$

我们曾经在初中学习过一次函数 $y = kx + b$ 的图像是一条直线。如果我们现在换一个角度,从方程的角度来看待等式 $y = kx + b$,它就是一个方程(又可变形为 $-kx + y = b$)。把方程 $-kx + y = b$ 的解写成有序数对,对应到直角坐标系中的点,这些点组成直角坐标系中的一条直线,我们把这条直线叫作方程 $-kx + y = b$ 的直线,又把方程 $-kx + y = b$ 叫作直线的方程。

对于方程 $x^2 + y^2 = 1$,当 x 的取值为 0,我们可以得到对应的 y 的取值为 1 或 -1,这时我们就得到两个方程的解:$\begin{cases} x = 0 \\ y = 1 \end{cases}$ 和 $\begin{cases} x = 0 \\ y = -1 \end{cases}$。这两个解,也可以写成两个有序数对 $(0, 1)$ 和 $(0, -1)$,它们对应了坐标系中的两个点。如果把方程 $x^2 + y^2 = 1$ 所有的解都在直角坐标系中标出来,组成的图形是图 5.3 所示的一个以原点为圆心,半径为 1 的圆。

在上述两个例子中,我们会发现,无论是函数 $y = 2x + 1$ 还是方程 $x^2 + y^2 = 1$,都有无穷多个 x 和 y 组成的有序数对。这些有序数对之间的关系用函数或方程来表达,并没有用图形来表达显得直观。因此,笛卡尔发明坐标系的一个重大意义是,坐标系使函数和方程不仅仅是冷冰冰的、充满了各种字母,甚至顶着"帽子"、拖着上标和下标的符号文字,从此它们有了颜面。

5.1.3　用几何解决鸡兔同笼问题

当函数和方程拥有了"颜"——图像之后,代数的问题也可以用几何图形来表达。那么,如果从几何的角度理解鸡兔同笼问题:

今有鸡兔同笼,上有三十五头,下有九十四足,问鸡兔各几何?

又会得到什么结果呢?

你一定都能背下来解题思路了:设鸡有 x 只,兔子有 y 只,得到一个二元一次方程组:

$$\begin{cases} x + y = 35 \\ 2x + 4y = 94 \end{cases}$$

我们现在先不着急解这个方程组,而是从函数的角度来重新审视这个方程组。

方程组的第一个方程 $x + y = 35$,可以写成 $y = 35 - x$。只要给定一个 x 的取值,代入方程 $y = 35 - x$ 就会得到唯一的 y 与之对应,比如给定 x 为 20,那么就有唯一的 $y = 15$ 相对应。换句话说,方程 $x + y = 35$ 中的两个未知数 x 和 y 之间形成了函数关系 $y = 35 - x$。这个函数关系是一次函数,它的图像如图 5.4 中的直线 l_1。

同样的道理,方程组的第二个方程 $2x + 4y = 94$,可以写成函数 $y = \dfrac{47}{2} - \dfrac{x}{2}$。它的函数图像如图 5.4 中的直线 l_2。

所以,方程组 $\begin{cases} x + y = 35 \\ 2x + 4y = 94 \end{cases}$ 的解就是直角坐标系中,既在直线 l_1 上,又在直线 l_2 上的点的坐标。换句话说,方程组的解就是直线 l_1 和直线 l_2 的交点的坐标。

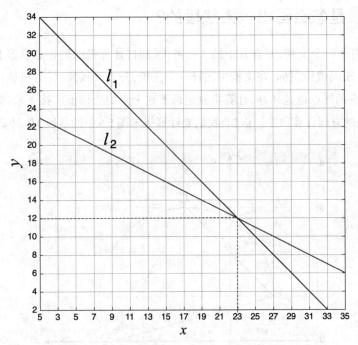

图 5.4　直线 l_1 和直线 l_2 的交点就是鸡兔同笼问题的解

从图 5.4 中也可以看到,直线 l_1 和直线 l_2 的交点只有一个,那就是 $(23, 12)$。这个坐标对应的方程组的解是 $\begin{cases} x = 23 \\ y = 12 \end{cases}$。不止鸡兔同笼问题,第 1 章我们学习过的兽禽问题、王婆卖瓜问题都可以用画直线的方式计算。

5.2　计算机绘图是怎么做到的?

你在用 Word 时,可以绘制出线段、长方形、平行四边形、圆等基本的几何图形。那么,你有没有好奇过计算机是怎么画出这些图形的呢?你可能会说,用一个计算机命令画出来的。那如果继续刨根问底,计算机程序是使用什么数学原理画的呢?

在5.1节中,我们介绍了在平面中引入平面直角坐标系之后,平面上的点可以用一个有序数对表示。如果这个几何图形是非常规则的图形,比如直线、圆、椭圆、三角形、矩形等,组成这些图形的点的坐标可以用方程或函数来表示,所以我们也可以用方程来表示这些图形。

计算机绘制几何图形的总体思路就是,首先建立平面直角坐标系,然后根据几何图形的方程,把一个几何图形上的点的坐标计算出来,并依次绘制这些点,最终绘制出这个几何图形。

5.2.1 计算机是怎么画出一条线段的?

当你用 Word 打开一个文件,并在其中插入一条线段时,计算机已经在显示器上建立好了平面直角坐标系。当你点击画线段图标,在文档中选择一个位置,开始画线段,计算机就记录下这个位置的坐标值,当你把线段的终点也选择好,计算机就记录下这个点的坐标值。接下来,就是把这条线段上的点的坐标所满足的方程计算出来。假如,我们要计算机画图5.5中的线段 AB,计算机会怎么做呢?

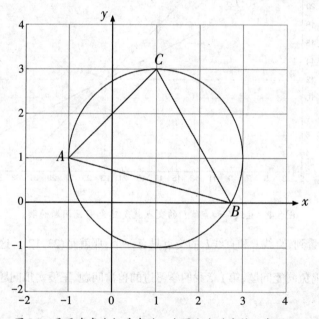

图 5.5 平面直角坐标系中的一个圆和它的内接三角形 ABC

首先,计算端点 A, B 的坐标。显然,点 A 的坐标为 $(-1, 1)$,点 B 的纵坐标为 0。我们观察到图 5.5 中圆的圆心坐标为 $(1, 1)$,圆的半径为 2。所以,圆的方程为 $(x-1)^2 + (y-1)^2 = 4$。将点 B 的纵坐标代入方程可得,点 B 的横坐标为 $1 + \sqrt{3}$。所以,线段 AB 的端点坐标为 $A(-1, 1), B(1 + \sqrt{3}, 0)$。于是,我们就得到线段 AB 上的点满足的方程为

$$x + (2 + \sqrt{3})y = 1 + \sqrt{3}, -1 \leqslant x \leqslant 1 + \sqrt{3}$$

接下来,我们要命令计算机"把点 A 和点 B 用线段连起来"。你也许会想到,那就是根据线段 AB 的方程把线段上所有的点的坐标计算出来,然后把这些点标记到显示器上的坐标系中。恭喜你!这样的思路大致是对的!不过,它仍然是一个理想化的过程。

学习过平面几何的人都知道，不管多么短的线段，都是由无穷多个点组成的。熟悉计算机的人也都知道，计算机的存储空间和计算能力是有限的。因此，计算机要绘制线段 AB，还需要解决以下两个问题。

（1）命令计算机绘制无穷个点，需要无穷的时间，这在现实中是不可能实现的。因此，我们只有把上述思路中"画出线段上所有的点"改成"画出线段上有限的点"，计算机才能完成这个任务。

（2）计算机的存储空间和计算能力有限，涉及包含无理数的存储和计算，只能进行近似计算。方程 $x + (2 + \sqrt{3})y = 1 + \sqrt{3}$ 及点 B 的坐标 $(1 + \sqrt{3}, 0)$ 都包含无理数 $\sqrt{3}$。一般情况下，计算机会取 $\sqrt{3}$ 的近似值为 1.732050807568877。于是，计算机会使用近似方程

$$x + 3.732050807568877y = 2.732050807568877$$

代替方程 $x + (2 + \sqrt{3})y = 1 + \sqrt{3}$。

现在，计算机可以绘制线段 AB 了。我们命令计算机将点的横坐标精确到小数点后三位，纵坐标精确到小数点后四位。那么，计算机画出线段 AB 的过程可以描述如下。

第一步，计算机从端点 A 的横坐标 $x = -1$ 开始，每次增加 0.001，一直增加到端点 B 的横坐标的近似值 2.732，就得到 3733 个横坐标的值：$-1, -0.999, -0.998, \cdots, 2.732$。把这 3733 个横坐标的值存储为

一个列矩阵 $\begin{bmatrix} -1 \\ -0.999 \\ \vdots \\ 2.732 \end{bmatrix}$。

第二步，根据近似方程

$$x + 3.732050807568877y = 2.732050807568877$$

得到每一个横坐标所对应的纵坐标的近似计算公式为 $y = \dfrac{2.732050807568877 - x}{3.732050807568877}$。把列矩阵

$\begin{bmatrix} -1 \\ -0.999 \\ \vdots \\ 2.732 \end{bmatrix}$ 中的每一个横坐标代入这个计算公式，并将计算结果保留 4 位小数，就得到线段 AB 上的 3733

个点的纵坐标的近似值。用矩阵存储这些坐标值，每一行存储一个点的坐标值，这 3733 个坐标就被存储为一个 3733 行、2 列的矩阵：

$$\begin{bmatrix} -1 & 1 \\ -0.999 & 0.9997 \\ \vdots & \vdots \\ 2.732 & 0 \end{bmatrix}$$

第三步，计算机按照存储的坐标把这些点画出来，就得到了图 5.5 中的线段 AB 的图像。

上述绘制过程中，我们需要注意以下几点。

（1）根据实数的连续性画出来的这 3733 个点，任意相邻两个点之间仍然存在着"空隙"。这些"空隙"中有无数多个没有被画出来的点，比如端点 $A(-1, 1)$ 和它的下一个点 $(-0.999, 0.9997)$ 的中点 $(-0.4995, 0.49985)$ 就没有被计算机画出来。

（2）这 3733 个点，相邻两个点的距离非常小。例如，端点 $A(-1, 1)$ 和它的下一个点 $(-0.999, 0.9997)$ 之间的距离为 $\sqrt{(-1 - (-0.999))^2 + (1 - 0.9997)^2} \approx 0.00104$。由于人眼的区分度有限，这个距离已经无法用肉眼观察到。所以，我们在计算机屏幕上看到的，就是图 5.5 中的线段 AB。

用同样的方法，我们还可以命令计算机画出图 5.5 中的线段 BC 和线段 CA。现在你应该知道了，一些由线段组成的简单几何图形，比如三角形、长方形、平行四边形等，就是按照线段的方程一段一段画出来的。

接下来，我们要探究的是，计算机是怎么画出一段曲线的呢？比如，图 5.5 中的圆是怎么画出来的呢？实际上，思路和画线段是一样的，也是借助方程。

5.2.2　计算机是怎么画圆的？

我们已经得到，圆的方程为 $(x - 1)^2 + (y - 1)^2 = 4$。

画这个圆的思路和画线段 AB 是类似的，不管是直径多小的圆，都是由无穷多个点组成的。而如果在计算机中把圆周上所有的点的坐标都计算出来，这是不可能实现的。所以，总体思路依然是，按照一定的密度选取圆周上的一部分点，并命令计算机把这些点的坐标计算出来，并在图 5.5 的坐标系中画出来。

很容易得到圆上的点的横坐标的取值范围为 $-1 \leq x \leq 3$。如果给定横坐标 x，将这个横坐标代入圆的方程，得到纵坐标的计算公式为 $y = 1 \pm \sqrt{4 - (x - 1)^2}$。你应该也发现了，除了代入 $x = -1$ 和 $x = 3$ 只能得到一个纵坐标的值 $y = 1$，代入其他值都可以得到两个纵坐标：$y_1 = 1 + \sqrt{4 - (x - 1)^2}$ 和 $y_2 = 1 - \sqrt{4 - (x - 1)^2}$。

类似于画线段，我们可以采取如下思路画圆 $(x - 1)^2 + (y - 1)^2 = 4$。

第一步，从 $x = -1$ 开始，每次增加 0.001，得到 4001 个横坐标的值：$-1, -0.999, \cdots, 3$，并把这些横坐标的值存储为一个列矩阵 $\begin{bmatrix} -1 \\ -0.999 \\ \vdots \\ 3 \end{bmatrix}$。

第二步，将列矩阵 $\begin{bmatrix} -1 \\ -0.999 \\ \vdots \\ 3 \end{bmatrix}$ 中的每一个横坐标代入纵坐标的计算公式 $y = 1 \pm \sqrt{4 - (x - 1)^2}$，得到纵坐标。前面已经提到过，代入 $x = -1$ 和 $x = 3$ 只能得到一个纵坐标的值 $y = 1$，代入其他值都可以得到两个纵坐标：$y_1 = 1 + \sqrt{4 - (x - 1)^2}$ 和 $y_2 = 1 - \sqrt{4 - (x - 1)^2}$。因此，我们一共可以得到 $3999 \times 2 + 2 = 8000$ 个圆周上的点的坐标值。与线段 AB 上的点的坐标类似，计算纵坐标涉及开方运算，这不可避免地会出现无理数。因此，我们计算所得到的也是圆周上的点的近似坐标，我们约定纵坐标精确到小数点后四位。比如，代入 $x = -0.999$，得到两个纵坐标的近似值：$y_1 = 1.0632$ 和 $y_2 = 0.9368$。于是,得到圆周上两个点的近似坐标值(−0.999, 1.0632)和(−0.999, 0.9368)。这样,计算机可以得到圆周上的8000个点的近似坐标值,我们命令计算机用一个4001行、3列的矩阵存储这些坐标值:

$$\begin{bmatrix} -1 & 1 & 1 \\ -0.999 & 1.0632 & 0.9368 \\ -0.998 & 1.0894 & 0.9106 \\ \vdots & \vdots & \vdots \\ 3 & 1 & 1 \end{bmatrix}$$

第三步,从第一行到最后一行,依次提取矩阵第一列和第二列的元素组成一个点坐标,第一列和第三列的元素组成另一个点坐标,在坐标系中把这两个点画出来。例如,提取第二行第一列和第二列组成点(−0.999, 1.0632),提取第二行第一列和第三列组成点(−0.999, 0.9368)。

经过这样三步操作,就画出了图5.6所示的圆。你一定发现了,图5.6中的圆在点(−1, 1)和(3, 1)处有两个很小的缺口。这是为什么呢?原因是,点(−1, 1)和(−0.999, 1.0632)之间的距离为

$$\sqrt{(-1-(-0.999))^2+(1-1.0632)^2} \approx 0.06321$$

这个距离,当图片稍微放大一下,肉眼就能察觉到。除了这两个缺口,其他位置都看不到缺口,这说明我们这种方法所选取的点,并不是均匀地分布在圆周上的,有的地方相邻两个点之间的距离非常小,而缺口处的距离就比较大。所以,这种方法并不好。既然这个思路画出的圆并不完美,那还有其他思路吗?有的。

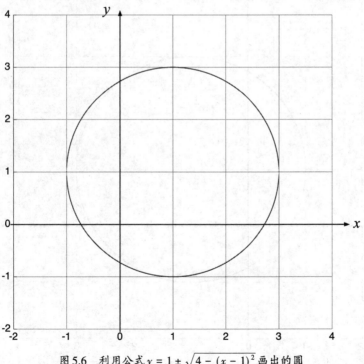

图5.6 利用公式 $y = 1 \pm \sqrt{4-(x-1)^2}$ 画出的圆

5.2.3　更好的画圆思路

接下来,这个画圆的思路,需要我们先写出图5.5中这个圆的参数方程:

$$\begin{cases} x = 1 + 2\cos\theta \\ y = 1 + 2\sin\theta \end{cases}$$

其中,θ称为方程的参数,它表示圆心角的度数;x和y分别表示圆上的点的横坐标和纵坐标。

下面我们分别给θ取$0.5°,1°,\cdots,360°$,并把这些取值代入方程,就得到720个点的坐标(精确到小数点后四位)。用一个720行、2列的矩阵可以将结果表示为

$$\begin{bmatrix} 2.9999 & 1.0175 \\ 2.9997 & 1.0349 \\ 2.9993 & 1.0524 \\ 2.9988 & 1.0698 \\ \vdots & \vdots \\ 3 & 1 \end{bmatrix}$$

再把这720个点画出来,就得到了图5.7中的圆。此时,肉眼已经无法觉察任何相邻两个点之间的空隙了。与第一种画圆思路比,这个思路只用了720个点,还不到第一种方法的10%,但也完全没有第一种画法存在的缺口。

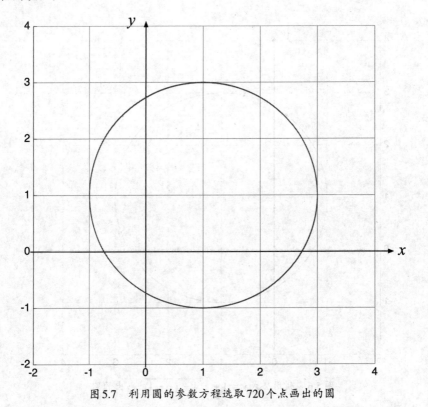

图5.7　利用圆的参数方程选取720个点画出的圆

5.2.4　计算机绘制几何图形的总体思路

我们已经介绍了线段和圆这两种规则几何图形的画法。实际上,其他规则图形比如椭圆、双曲线、抛物线、样条曲线等,都可以用同样的思路进行绘制。这个思路可以用一句话来总结:以方程表示曲线,以有限逼近无限。但具体在执行时,需要注意以下几点。

(1)不管你选的点的数量有多大,相邻两个点之间还是有无数个点被你忽略了,这是实数的性质和几何的点、线、面关系决定的。

(2)如何选取这些点,方法并不是唯一的。但总体思路是不变的:相邻两个点之间的"空隙"要足够小,小到肉眼看不出来。

(3)曲线的方程可能有多种形式,这就使得选取点的方法也不是唯一的。好的方法可以做到,点的数量并不是非常多,但是画出来的图形却很完美。

你可能会想到,Word中还有涂鸦画笔功能,可以随手画出毫无规律的曲线。这种曲线计算机又是怎么画出来的呢? 其实很简单,计算机把鼠标(或你的手写笔)经过的路径上的点的坐标记录下来,并把这些点在显示器上画出来。与画线段、画圆一样,计算机只需要保存一个表示这些坐标的矩阵,就保存了你画出来的曲线。

5.3　字体和艺术字——几何图形和线性变换

5.3.1　不同的字体,计算机是如何显示出来的?

当你用Word编辑了一段文字,你常常会为这段文字选择字体。不同的字体下,文字的形状是有区别的,比如图5.8中是不同的字体下大写字母A的形状。那么问题来了,你知道这些不同的字体,计算机是怎么记住并显示出来的吗?

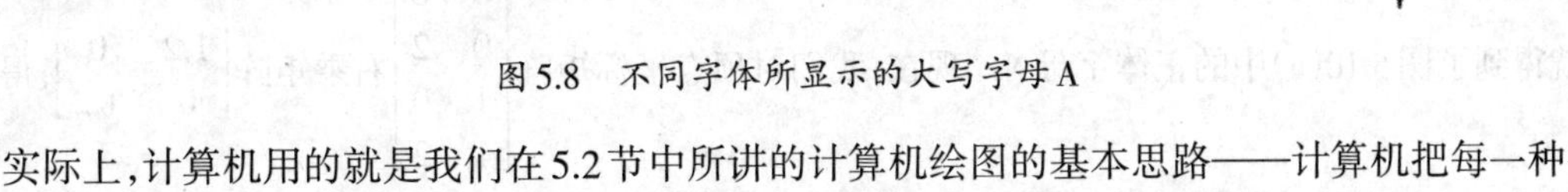

$$A \quad A \quad A \quad \mathcal{A} \quad \mathscr{A} \quad A \quad A \quad A$$

图5.8　不同字体所显示的大写字母A

实际上,计算机用的就是我们在5.2节中所讲的计算机绘图的基本思路——计算机把每一种字体下每一个字符的形状的绘制方法记录成文件,需要时再调用这个文件,命令计算机按照文件中的方法在显示器上进行绘制。图5.8中的前两种字体是这几种字体中最简单的,它是由一段一段的线段组成的。我们在5.2.1小节中已经介绍过,要让计算机画出一条线段,只需要知道线段的两个端点。因此,我们把图 5.8 中的第二种字体（名称为 MS PGothic）单独拿出来分析。如图 5.9 所示，在这种字体中，字母 A 由 11 个点、11 条线段组成。因此，建立一个坐标系，存储下这 11 个点的坐标，计算机就可以根据绘制线段的方法，把字母 A 绘制出来。

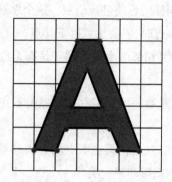

图 5.9　MS PGothic 字体下的字母 A 由若干条线段组成

在图 5.8 中，除了第一种、第二种字体是由线段组成的，其他字体都是由曲线组成的，这些带有曲线的好看的艺术字体，计算机是怎么绘制的呢？这也不难。这些手写字体都是由一段一段的曲线组成的。而与计算机画圆类似，字体中的每一段曲线，只要已知这段曲线上的若干个点的坐标，就能够得到曲线的方程。然后，计算机就可以根据曲线方程计算这段曲线上的点的坐标，并把这些点绘制出来。

5.3.2　改变字符的字号，计算机是怎么做的？

当你改变一个字符的字号，计算机需要做什么才能执行你的操作呢？其实很简单，乘一个对角矩阵。为了了解这一点，我们首先看看坐标系中一个点的坐标被放大两倍，用矩阵应该怎么表示。

如果把坐标系中一点的坐标看作一个行矩阵 $[\begin{matrix} x & y \end{matrix}]$，那么把这个点的坐标放大到原来的两倍就是 $[\begin{matrix} 2x & 2y \end{matrix}]$。这个过程可以用矩阵乘法表示：$[\begin{matrix} 2x & 2y \end{matrix}] = [\begin{matrix} x & y \end{matrix}]\begin{bmatrix} 2 & 0 \\ 0 & 2 \end{bmatrix}$。接下来，我们以字母 N 为例，来看看计算机是怎样放大一个字符的。

字母 N 的四个顶点在直角坐标系中的坐标可以用顶点坐标矩阵 $\begin{bmatrix} 0 & 0 \\ 0 & 2 \\ 1 & 0 \\ 1 & 2 \end{bmatrix}$ 表示。把这四个点依次连起来，就得到了图 5.10（a）中的正体字母 N。现在，我们对顶点坐标矩阵 $\begin{bmatrix} 0 & 0 \\ 0 & 2 \\ 1 & 0 \\ 1 & 2 \end{bmatrix}$ 右乘矩阵 $\begin{bmatrix} 1.2 & 0 \\ 0 & 1.2 \end{bmatrix}$，得到一个新的顶点坐标矩阵 $\begin{bmatrix} 0 & 0 \\ 0 & 2.4 \\ 1.2 & 0 \\ 1.2 & 2.4 \end{bmatrix}$，把这些点依次连起来，就得到了图 5.10（b）中放大的正体字母 N。

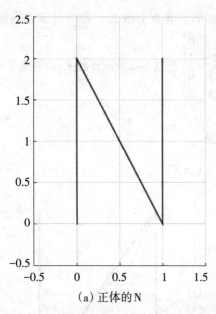

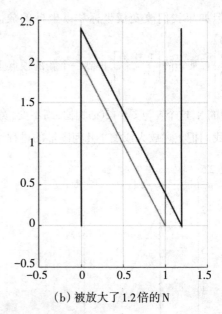

（a）正体的N　　　　　　　　　　　　　（b）被放大了1.2倍的N

图 5.10　把字母N放大1.2倍

通过观察图 5.10（a）和（b），你应该已经发现两个N的形状并没有变化。实际上，我们可以证明：对于直角坐标系中的一个几何图形，把这个图形上每一个点的横坐标和纵坐标乘正实数 k，得到一个新点的坐标，这些新点组成的图形与原来的图形相比，形状没有变化，但尺寸扩大（或缩小）到原来的 k 倍。这个过程用矩阵乘法来表示，就是对图形的顶点坐标矩阵右乘矩阵 $\begin{bmatrix} k & 0 \\ 0 & k \end{bmatrix}$，得到的新图形形状不变，尺寸是原来的 k 倍。

如图 5.11 所示，我们对三角形 ABC 的顶点坐标矩阵右乘矩阵 $\begin{bmatrix} 2 & 0 \\ 0 & 2 \end{bmatrix}$，得到一个新的三角形 $A'B'C'$。我们观察到，这两个三角形的三条边是对应平行的，所以这两个三角形是相似的。利用直角坐标系中两点之间的距离公式，可以得到 $\dfrac{A'B'}{AB} = \dfrac{B'C'}{BC} = \dfrac{C'A'}{CA} = 2$。

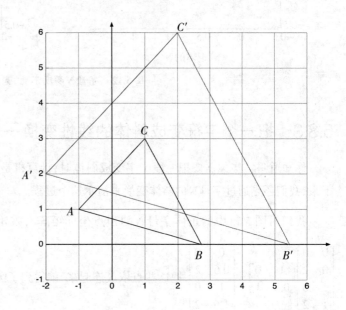

图 5.11　把三角形 ABC 各点的坐标乘2，得到三角形 $A'B'C'$

但如果我们改变横坐标和纵坐标的放大比例,图形的形状就会改变。如果对顶点坐标矩阵

$\begin{bmatrix} 0 & 0 \\ 0 & 2 \\ 1 & 0 \\ 1 & 2 \end{bmatrix}$ 右乘矩阵 $\begin{bmatrix} 1.5 & 0 \\ 0 & 1 \end{bmatrix}$,得到一个新的顶点坐标矩阵 $\begin{bmatrix} 0 & 0 \\ 0 & 2 \\ 1.5 & 0 \\ 1.5 & 2 \end{bmatrix}$,把这些点依次连起来,就得到了图5.12

(b)中的N,这个N与图5.12(a)相比,高不变,宽了1.5倍。

我们把上述放大或缩小几何图形的过程称为伸缩变换。

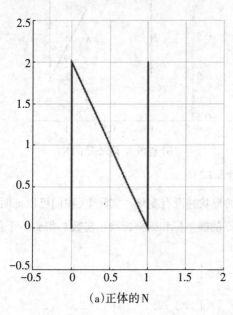

(a)正体的N

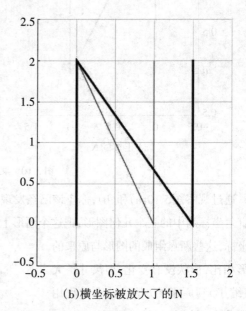

(b)横坐标被放大了的N

图5.12   字母N高度不变,宽度放大

5.3.3   把一个字符变成斜体的线性变换——剪切变换

你知道吗?当你需要把一段文字变成斜体时,计算机是通过一个简单的矩阵乘法来完成的。接下来,我们还是通过字母N的斜体变换来演示这个过程。

我们对图5.13中的正体字母N的顶点坐标矩阵右乘矩阵 $\begin{bmatrix} 1 & 0 \\ 0.3 & 1 \end{bmatrix}$,得到新的顶点坐标矩阵为

$\begin{bmatrix} 0 & 0 \\ 0 & 2 \\ 1 & 0 \\ 1 & 2 \end{bmatrix} \begin{bmatrix} 1 & 0 \\ 0.3 & 1 \end{bmatrix} = \begin{bmatrix} 0 & 0 \\ 0.6 & 2 \\ 1 & 0 \\ 1.6 & 2 \end{bmatrix}$,把这些点依次连起来,就得到了图5.13中的斜体字母N。

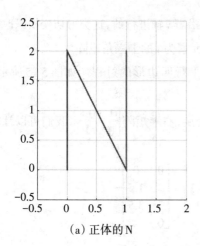

（a）正体的N

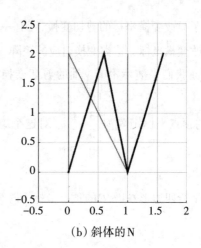

（b）斜体的N

图5.13 把字母N变成斜体

除了字母N,所有的字符都可以通过右乘矩阵 $\begin{bmatrix} 1 & 0 \\ 0.3 & 1 \end{bmatrix}$ 变成斜体。现在,让我们来观察一下矩阵 $\begin{bmatrix} 1 & 0 \\ 0.3 & 1 \end{bmatrix}$

吧！这个矩阵是一个下三角矩阵,并且对角线上的元素为1。实际上,不仅仅是矩阵 $\begin{bmatrix} 1 & 0 \\ 0.3 & 1 \end{bmatrix}$,具有这个

特征的矩阵都能够把一个字母变成斜体。如果你觉得图5.13(b)中的字母N倾斜的程度还不够,可以把

矩阵 $\begin{bmatrix} 1 & 0 \\ 0.3 & 1 \end{bmatrix}$ 左下角的数0.3增加到0.6,得到新的矩阵 $\begin{bmatrix} 1 & 0 \\ 0.6 & 1 \end{bmatrix}$。通过右乘矩阵 $\begin{bmatrix} 1 & 0 \\ 0.6 & 1 \end{bmatrix}$,就可以得到

图5.14中的斜体N,这时N斜得更厉害了。不过,你可能发现了一个规律,不管是图5.13还是图5.14,字

母N的高度没有改变。这是因为这个变换不改变点的纵坐标,只改变横坐标。我们把这个变换称为沿

着 x 轴的剪切变换。

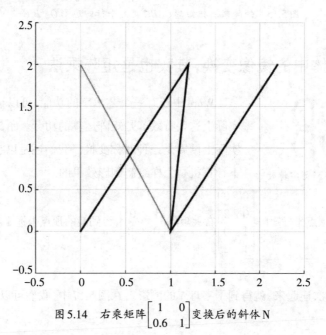

图5.14 右乘矩阵 $\begin{bmatrix} 1 & 0 \\ 0.6 & 1 \end{bmatrix}$ 变换后的斜体N

除了只改变横坐标的剪切变换,还有一种剪切变换是沿着 y 轴进行的,这类剪切变换只改变纵坐标而不改变横坐标。这类变换对应的矩阵,是对角线上的元素为1的上三角矩阵。

下面我们来演示沿着 y 轴的剪切变换,把矩形变成平行四边形的过程。如图5.15所示,矩形 $OABC$ 的顶点坐标矩阵为 $\begin{bmatrix} 0 & 0 \\ 3 & 0 \\ 3 & 2 \\ 0 & 2 \end{bmatrix}$。对这个矩阵进行剪切变换,右乘矩阵 $\begin{bmatrix} 1 & 0.5 \\ 0 & 1 \end{bmatrix}$,我们可以计算出变

换后的平行四边形 $OA'B'C$ 的顶点坐标矩阵为 $\begin{bmatrix} 0 & 0 \\ 3 & 0 \\ 3 & 2 \\ 0 & 2 \end{bmatrix} \begin{bmatrix} 1 & 0.5 \\ 0 & 1 \end{bmatrix} = \begin{bmatrix} 0 & 0 \\ 3 & 1.5 \\ 3 & 3.5 \\ 0 & 2 \end{bmatrix}$。

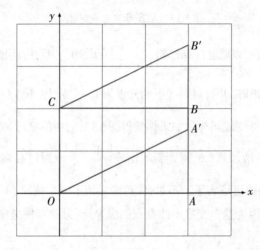

图5.15　矩阵乘法把矩形 $OABC$ 变为平行四边形 $OA'B'C$

5.3.4　艺术字体中的镜像变换,其实也是矩阵乘法

Word中还有一个艺术字的功能,可以给文字加上各种特效,实际上这些特效都是矩阵运算的功劳。图5.16展示了倒影效果,实际上倒影是一种对称变换。我们还是以字母N为例,来演示一下计算机是怎样绘制倒影效果的。

图5.16　Word中的倒影文字特效

我们对字母N的顶点坐标矩阵 $\begin{bmatrix} 0 & 0 \\ 0 & 2 \\ 1 & 0 \\ 1 & 2 \end{bmatrix}$ 右乘矩阵 $\begin{bmatrix} 1 & 0 \\ 0 & -1 \end{bmatrix}$,得到新的顶点坐标矩阵为 $\begin{bmatrix} 0 & 0 \\ 0 & 2 \\ 1 & 0 \\ 1 & 2 \end{bmatrix} \begin{bmatrix} 1 & 0 \\ 0 & -1 \end{bmatrix} =$

$\begin{bmatrix} 0 & 0 \\ 0 & -2 \\ 1 & 0 \\ 1 & -2 \end{bmatrix}$,把这些点依次连起来,就得到了字母N的倒影。在图5.17中,我们可以看到字母N和经过对

称变换之后的倒影效果。

右乘矩阵 $\begin{bmatrix} 1 & 0 \\ 0 & -1 \end{bmatrix}$ 并不改变横坐标,而是将纵坐标变成它的相反数。根据直角坐标系中的对称原理,变换后的点是原始点关于 x 轴的对称点。而倒影效果实际上就是画出以水平方向(也就是 x 轴)为对称轴的对称图形。除了水平方向的对称,垂直方向的对称也是类似的,只要对顶点坐标矩阵右乘矩阵 $\begin{bmatrix} -1 & 0 \\ 0 & 1 \end{bmatrix}$,就可以得到一个关于 y 轴对称的图形。在图 5.18 中,我们首先画出了三角形 ABC 和它的外接圆,然后利用对称变换,把这个图形关于 x 轴对称的图形和 y 轴对称的图形分别画了出来。

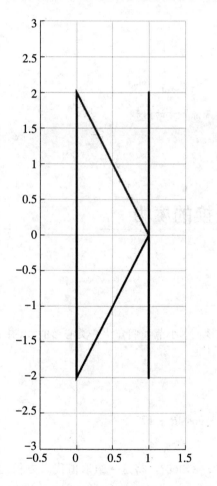

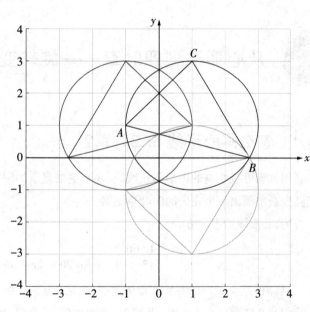

图 5.17   经过对称变换后的字母 N 的倒影效果

图 5.18   三角形 ABC 和它的外接圆关于坐标轴对称的图形

除了关于坐标轴对称,我们还学过一种对称——关于原点对称。关于原点对称,实际上是对图形的顶点坐标矩阵右乘矩阵 $\begin{bmatrix} -1 & 0 \\ 0 & -1 \end{bmatrix}$。利用这个矩阵运算,图 5.19 画出了三角形 ABC 和它的外接圆关于原点对称的图形。

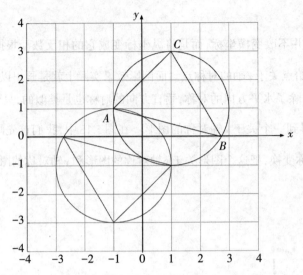

图 5.19　三角形 ABC 和它的外接圆关于原点对称的图形

5.4　从心形线到四叶草——旋转变换的魔力

5.4.1　怎么画心形线和四叶草？

利用方程可以绘制的图形不止线段，还有更加复杂的图形。本小节我们介绍一类心形曲线，并利用旋转变换来画出一个完美的四叶草图案。

首先，心形线的参数方程为

$$\begin{cases} x = 15\sin^3\theta \\ y = 13\cos\theta - 5\cos 2\theta - 2\cos 3\theta - \cos 4\theta + 17 \end{cases}$$

其中，参数 θ 的定义和圆的参数方程中类似，也是从 0 到 360°。

我们每 0.5° 取一个 θ 的值，得到 720 个 θ 的取值：0.5°，1°，$\cdots$，360°。将这一组取值代入方程，就得到 720 个点的坐标（精确到小数点后五位），把这些坐标写成 720 行、2 列的坐标矩阵

$$\begin{bmatrix} 0.00001 & 22.00156 \\ 0.00008 & 22.00624 \\ \vdots & \vdots \\ 0 & 22 \end{bmatrix}$$。把这些点画出来，就得到了图 5.20 中的心形图案。

对坐标矩阵右乘矩阵 $\begin{bmatrix} 0 & 1 \\ -1 & 0 \end{bmatrix}$,得到第二个坐标矩阵 $\begin{bmatrix} -22.00156 & 0.00001 \\ -22.00624 & 0.00008 \\ \vdots & \vdots \\ -22 & 0 \end{bmatrix}$。对新的坐标矩阵继

续右乘矩阵 $\begin{bmatrix} 0 & 1 \\ -1 & 0 \end{bmatrix}$,得到第三个坐标矩阵 $\begin{bmatrix} -0.00001 & -22.00156 \\ -0.00008 & -22.00624 \\ \vdots & \vdots \\ 0 & -22 \end{bmatrix}$。对新的坐标矩阵继续右乘矩阵

$\begin{bmatrix} 0 & 1 \\ -1 & 0 \end{bmatrix}$,得到第四个坐标矩阵 $\begin{bmatrix} 22.00156 & -0.00001 \\ 22.00624 & -0.00008 \\ \vdots & \vdots \\ 22 & 0 \end{bmatrix}$。把这四个坐标矩阵上的点在坐标系中画出来,

就得到了图 5.21 中的四叶草图案。

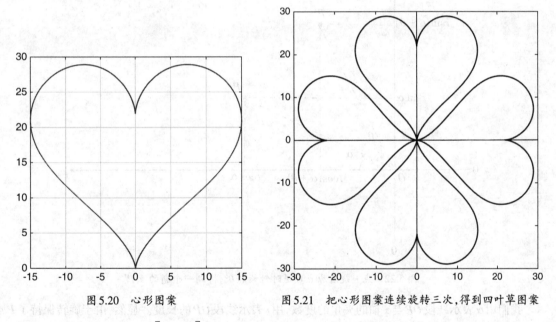

图 5.20 心形图案　　　图 5.21 把心形图案连续旋转三次,得到四叶草图案

实际上,每右乘一次矩阵 $\begin{bmatrix} 0 & 1 \\ -1 & 0 \end{bmatrix}$,就是以坐标原点为旋转中心,对图 5.20 中的心形图案做一次逆时针 90° 的旋转。每旋转一次,就得到一个心形图案,三次旋转后,就得到了一个美丽的四叶草图案。

你可能会问,逆时针旋转 90° 的变换对应的矩阵为 $\begin{bmatrix} 0 & 1 \\ -1 & 0 \end{bmatrix}$,那么旋转其他角度的矩阵又怎么表示呢?就让我们从头讲起吧。这里只需要一点三角函数的知识,就能够理解旋转变换对应的矩阵形式。

5.4.2 旋转变换的数学原理

如图 5.22 所示,坐标系中有一个点 P,它的坐标为 (x, y)。假设点 P 绕着原点逆时针旋转 $\theta°$,得到点 P'。我们用 (x', y') 表示 P' 的坐标。接下来,我们来分析点 P 和点 P' 的坐标之间的关系。

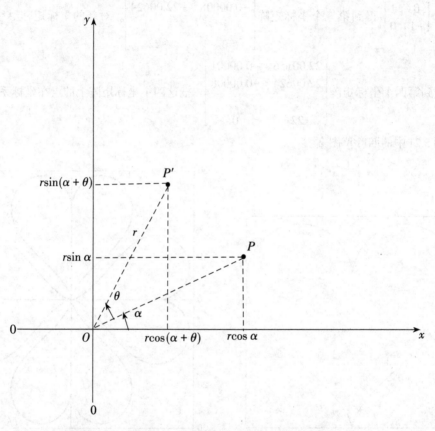

图 5.22 点 P 绕着原点 O 逆时针旋转 $\theta°$,得到一个新的点 P'

我们用 α 表示线段 OP 与 x 轴的夹角的度数,用 r 表示线段 OP 的长度。显然,由于旋转保持了 P 点和原点之间的距离,所以线段 OP' 的长度也可以用 r 表示。利用直角三角形的直角边与角的正余弦值之间的关系,我们不难得到:

$$\begin{cases} x = r\cos\alpha \\ y = r\sin\alpha \end{cases}, \begin{cases} x' = r\cos(\alpha + \theta) \\ y' = r\sin(\alpha + \theta) \end{cases}$$

利用三角函数的和角公式 $\begin{cases} \cos(\alpha + \theta) = \cos\alpha\cos\theta - \sin\alpha\sin\theta \\ \sin(\alpha + \theta) = \sin\alpha\cos\theta + \cos\alpha\sin\theta \end{cases}$,可以得到:

$$\begin{cases} x' = r\cos\alpha\cos\theta - r\sin\alpha\sin\theta = x\cos\theta - y\sin\theta \\ y' = r\sin\alpha\cos\theta + r\cos\alpha\sin\theta = x\sin\theta + y\cos\theta \end{cases}$$

因此,点 P 和点 P' 的坐标之间的关系可以表述为

$$\begin{cases} x' = x\cos\theta - y\sin\theta \\ y' = x\sin\theta + y\cos\theta \end{cases}$$

我们用行矩阵 $[\,x\quad y\,]$ 和 $[\,x'\quad y'\,]$ 来表示点 P 和点 P' 的坐标,二者的关系可以用一个矩阵乘法表示:

$$[\,x'\quad y'\,] = [\,x\quad y\,]\begin{bmatrix} \cos\theta & \sin\theta \\ -\sin\theta & \cos\theta \end{bmatrix}$$

换句话说,如果要把一个图形绕原点旋转 $\theta°$,只需要对图形的坐标矩阵右乘矩阵 $\begin{bmatrix} \cos\theta & \sin\theta \\ -\sin\theta & \cos\theta \end{bmatrix}$,就可以得到旋转后新图形的坐标矩阵了。

现在,让我们利用矩阵 $\begin{bmatrix} \cos\theta & \sin\theta \\ -\sin\theta & \cos\theta \end{bmatrix}$ 来计算一下,逆时针旋转 $90°$ 的变换对应的矩阵吧。把 $90°$ 代入矩阵,得到 $\begin{bmatrix} \cos 90° & \sin 90° \\ -\sin 90° & \cos 90° \end{bmatrix} =$ $\begin{bmatrix} 0 & 1 \\ -1 & 0 \end{bmatrix}$,这与我们之前旋转心形线时用到的矩阵是一样的。既然已经得到旋转变换的一般矩阵,那我们就更进一步,把心形线逆时针每 $45°$ 旋转一次,看看能得到什么图形吧。实际上,我们只需要对心形线的坐标矩阵连续右乘矩阵 $\begin{bmatrix} \cos 45° & \sin 45° \\ -\sin 45° & \cos 45° \end{bmatrix} = \dfrac{\sqrt{2}}{2}\begin{bmatrix} 1 & 1 \\ -1 & 1 \end{bmatrix}$ 就可以了。图5.23展示了旋转结果——一个八瓣花图案。

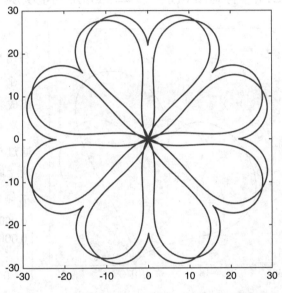

图 5.23　心形图案每 $45°$ 旋转一次,得到八瓣花图案

5.4.3　平面几何图形的线性变换

到目前为止,我们已经介绍了四种基本的几何图形变换——伸缩变换、剪切变换、对称变换、旋转变换。下面我们来看看这四种变换的共性。

(1)原点无论在哪一种变换下,都保持不变。

(2)直线经过这四种变换后,仍然是直线。

(3)相互平行的直线,在这四种变换后仍然是相互平行的直线。

这四种图形变换,把直线变换成直线,并且相互平行的直线变换后依然保持相互平行的关系,因此我们把这四种几何图形的变换称为线性变换。

5.5 计算机怎么制作电影特效?

科幻大片几乎都需要用计算机特效。举例来说,一个末日灾难主题的电影中,表现海浪、飓风、地震、火山爆发、暴雪、爆炸、建筑物倒塌等各种灾难场景,绝大多数都是用计算机程序模拟出来的。那么,计算机是怎么模拟出海浪、暴雪、爆炸等场景的呢?

5.5.1 悸动的心——二维动画特效演示

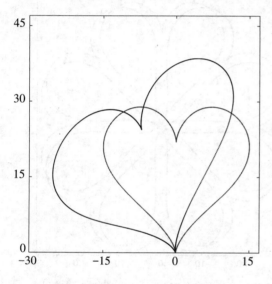

图 5.24 依次经过旋转、放大、剪切变换,
得到的心形图案

我们先来看一个非常简单的动画制作过程——利用 5.4.1 小节介绍的心形线方程和矩阵乘法,制作一个"悸动的心"的动画。这个动画由 20 帧画面组成。

为了理解每一帧画面是如何得到的,我们来看看通过对图 5.20 中的心形图案连续进行旋转、放大、剪切变换,将会得到一个什么样的图案呢? 图 5.24 中偏左侧的心形图案是图 5.20 上的点的坐标矩阵

$$\begin{bmatrix} 0.00001 & 22.00156 \\ 0.00008 & 22.00624 \\ \vdots & \vdots \\ 0 & 22 \end{bmatrix}$$ 右乘矩阵 $\begin{bmatrix} 1.20741 & 0.68575 \\ -0.32352 & 1.11035 \end{bmatrix}$

得到的。而矩阵 $\begin{bmatrix} 1.20741 & 0.68575 \\ -0.32352 & 1.11035 \end{bmatrix}$ 所代表的变换,实际上是依次进行逆时针旋转 15°,坐标放大 1.25 倍,再沿 y 轴进行剪切变换(右乘矩阵 $\begin{bmatrix} 1 & 0.3 \\ 0 & 1 \end{bmatrix}$)这三种线性变换。换句话说,图 5.20 经过逆时针旋转 15°,坐标放大 1.25 倍,再沿 y 轴进行剪切变换(右乘矩阵 $\begin{bmatrix} 1 & 0.3 \\ 0 & 1 \end{bmatrix}$),就得到了图 5.24 中的心形图案。

现在,我们看看"悸动的心"的动画是如何制作的吧!

首先,特效的第一帧画面是图 5.20 中那颗"一本正经"的心。

接下来,利用把前一帧画面中点的坐标矩阵右乘一个矩阵得到下一帧画面的方法,依次得到第二帧到第二十帧画面。为了使动画尽可能流畅,我们每一次对上一帧画面中点的坐标矩阵右乘一个代表微小变化的矩阵,就可以得到下一帧的画面了。比如,从第一帧画面到第二帧画面的变换对应的矩阵为 $\begin{bmatrix} 1.1 & 0.2 \\ -0.2 & 1.1 \end{bmatrix}$。图 5.25 中依次展现了这 20 帧画面。最后,只要把这 20 幅图依次快速播放,就得到了一个名为"悸动的心"的动画。

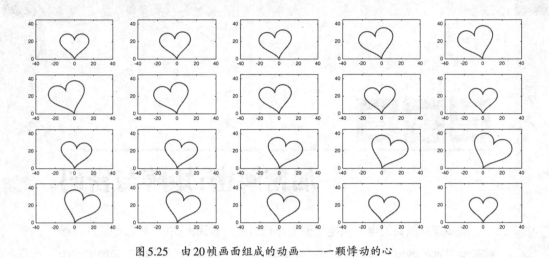

图 5.25　由 20 帧画面组成的动画——一颗悸动的心

5.5.2　海啸、暴风雪、爆炸的特效，计算机是怎么做到的？

制作复杂的计算机特效的思路和 5.5.1 小节中制作简易动画是类似的。首先，利用物理学原理，建立这些场景中物体运动所满足的数学方程；然后，利用计算机求解数学方程，并把方程的解在三维坐标系中画出来，得到每一帧画面；最后，再按照时间顺序，依次播放这些画面。

比如，如果一部电影需要表现海啸发生时海水倒灌淹没一个地下停车场的过程，就需要利用流体力学中著名的纳维–斯托克斯方程（简称 N–S 方程）。最简单的 N–S 方程用矩阵形式写出来是这样的：

$$\rho\left[\frac{\partial \vec{v}}{\partial t} + (\vec{v}\cdot\nabla)\vec{v}\right] = \rho\vec{f} - \nabla p + \mu\nabla^2\vec{v}$$

其中，ρ 表示流体的密度；μ 表示流体的黏度；$\vec{v}$ 是一个三维向量，表示流体在空间中的流动速度；$\vec{f}$ 表示单位体积流体所受到的外力；p 表示流体的压力。要理解这个方程，需要流体力学、微分方程等物理、数学知识。不过，我们至少可以理解，这个方程的解是一个以时间变量和三维空间变量为自变量的函数，它能够描述流体的运动过程。在给定的条件下，高性能计算机可以计算出这个方程的数值近似解。

具体来说，怎样利用 N–S 方程模拟海水倒灌淹没地下停车场呢？首先，我们把涌入的海水分割成一个一个小水滴，然后利用 N–S 方程，把每一个小水滴在第一个时刻的坐标计算出来，画出特效的第一个画面（电影中一个画面称为一帧）。根据第一帧中每一个小水滴的坐标和 N–S 方程，计算下一帧画面中每一个小水滴的坐标，并绘制特效画面的第二帧……如此循环，把电影所需要的每一帧都绘制出来。最后，按照顺序连续播放这些画面，就得到了一段海水倒灌进入地下停车场的特效。

你可能好奇，计算机在计算每一个小水滴的坐标时，矩阵起了什么作用呢？实际上，矩阵运算是计算机算法中最基础的数学工具，对于计算机来说，矩阵运算在计算机算法中的作用，就像九九乘法表在竖式乘法中的作用一样，是必不可少的。比如，在计算某一帧画面时，存储水滴的坐标需要用矩阵进行存储。利用 N–S 方程计算下一帧中水滴的坐标，需要用矩阵运算。

第6章

加密解密：矩阵与密码

很多谍战题材的电影和电视剧中都有对密码破译人员的演绎，他们往往被刻画成孤独的数学天才，整天和一堆电码、字母、数字打交道。他们就像黑暗中独自前行的孤独使徒，像从天神处偷取火种的普罗米修斯，密码尚未破译，他们眉头紧锁，自言自语，茶饭不思。如果看到他们高歌、狂奔、呼喊，或者只是眼角带泪微微一笑，那不用问了，一定是密码终于被破译了。

一般人都会觉得，密码破译人员非常厉害。但其实和密码破译人员同样厉害的，还有这些加密算法的设计者，他们也大都是数学家。可以说，密码的设计和破译，是数学家和数学家之间的战争。

本章我们就来学习如何设计一个加密算法吧！

6.1 用小学数学运算对银行卡密码加密

生活中，我们常常会遇到这样的苦恼：对不同的账号分类管理，为了安全起见，最好设置不一样的密码，可是密码太多，有的账号长期不用，当初设置的密码很可能忘记了，找回密码又需要花费不少时间，甚至有的网站如果当初没有设置手机找回、邮箱找回等方式，就很难找回密码了。

常言道，好记性不如烂笔头，一个解决办法是找一个本子记录下所有的密码，放在一个安全可靠的地方。但是，一旦这个本子丢失，被坏人捡到，就麻烦了。本节我们学习如何利用小学数学运算对数字信息进行加密。学会了这一招，你可以在本子上记录加密过的密码，这样即使坏人捡到你的密码记录本，也不会盗走你的账号了。

6.1.1 设计要求——安全、准确地传递信息

首先我们要考虑的问题是：一个好的加密算法，需要满足哪些要求？

总的来说，有以下两个要求。

（1）为了信息传输的安全性，需要对信息进行加密。需要加密的信息包含秘密，除了发送方和接收方，不能被第三方获取。无论是古代的飞鸽传书还是现代的无线电算法，信息都存在被第三方截获的可能，因此需要对信息进行加密。正如把财宝放进保险柜，即使贼偷走了保险柜，一时半刻也拿不到财宝，加密后的信息即使被敌人截获，也不能马上知道传递的秘密。

通常来说，加密算法越难破译，敌人就越不容易获得信息，信息也就越安全。俗话说，世界上没有永久的秘密。这句话是说，每一个需要保守的秘密都有期限，超过了那个期限，秘密就不再是秘密。比如，战争中敌我双方的某些军事机密，在战争之后若干年，就变成了历史书中的故事。

所以，从破译密码的角度，一个加密算法，只要破译它所需要的时间比需要保密的期限长，就成功了。比如，一个秘密信息需要保密的期限是3个月，破译加密算法的时间是10个月。那么，这个加密算法就成功了。

（2）加密的信息要能够被准确、快速地解密。也就是说，这个加密算法被加密后，只要掌握了解密的规则，就可以准确、快速地解密。

明白了这两个要求，让我们来想一想，如果传输的信息是数字，如何设计一个满足上面两个要求的加密算法呢？

首先，每一个数字需要被变换成另外一个数字；其次，这种变换可以倒推回去，得到变换前的数字。

你可以这样设计，在下面两排数字间进行随意连线，并保证两组0~9的数字一一对应，如图6.1所示。

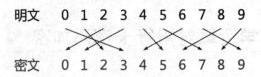

图6.1　一个阿拉伯数字的加密规则

我们把图6.1整理成表6.1，就得到了这个加密算法的"字典"。发送方通过这个"字典"对信息进行加密，接收方利用这个"字典"进行解密。利用这个加密算法，如果你要传输的是12345，经过加密算法的加密，就变成了20157。

表6.1　加密字典

原始信息	0	1	2	3	4	5	6	7	8	9
加密信息	3	2	0	1	5	7	4	9	6	8

在密码学中，我们把发送方未经加密（及接收方解密之后的）的原始信息称为"明文"，把经过发送方加密的信息称为"密文"。而加密字典，就是明文和密文所使用符号的对应关系表。

你也可以用这种方式加密，先将图6.2的两排数字画上连线，再将连线转化成加密字典填写在表6.2中。

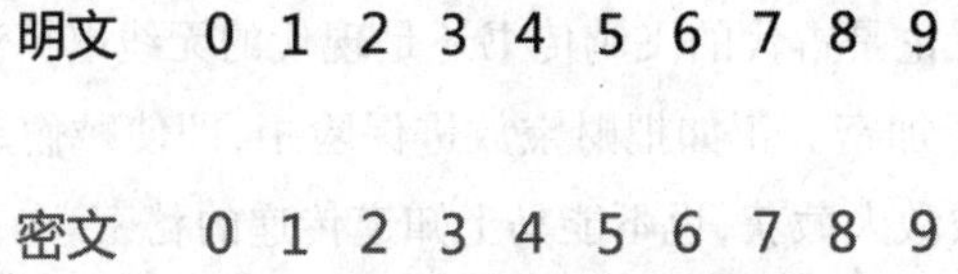

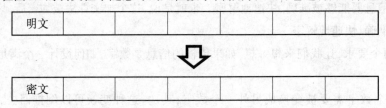

图6.2　请你写出一个加密规则

表6.2　你的加密字典

明文（原始信息）	0	1	2	3	4	5	6	7	8	9
密文（加密信息）										

现在，请你在图6.3的明文栏中随意写出六位数字，利用表6.2对它进行加密，把密文也写出来。

明文						

⬇

密文						

图6.3　用你自己创建的加密规则加密一组数字

6.1.2　用十以内整数加法设计的加密算法

除了随意对两组0~9的数字进行搭配的方法，还有其他的方法吗？如果把明文数字通过某种数学运算,把结果作为密文发送出去,并且接收方只要根据收到的密文数字"倒"着算一遍,就可以把密文又变回明文,我们就可以用这种数学运算进行加密了。

比如,每个数字加上3,你可能说,加上3的话,大数字比如9 + 3 = 12就是两位数了呀! 没关系,两位数取个位就可以了,比如9 + 3 = 12,我们就取个位2。这样,我们就得到了这样一套加密规则:0~9的每个数字加3并取个位数字。

$$明文: 数字x \xrightarrow{\ +3\ } x + 3 \xrightarrow{取个位数字} 密文: 数字y$$

利用数学运算设计密码的好处是,发送方和接收方只要同时知道加密规则,就可以迅速完成明文和密文的转化。

发送方在发送信息之前,只需要按照加密规则把明文转化成密文再发送。例如,明文为90,加密后的密文为23。而接收方只要进行与加密过程相反的逆向操作,就可以迅速得到解密所需的字典(表6.3)。

表6.3　每一个数字加3并取个位数字的密码字典

明文	0	1	2	3	4	5	6	7	8	9
密文	3	4	5	6	7	8	9	0	1	2

利用这个字典,接收方就可以对密文进行快速解密。

为了加强保密,双方不用将表6.3写出来,只要知道加密规则,接收方也可以通过如下解密规则

$$密文: 数字y \xrightarrow{\ -3\ } 数字z \xrightarrow{先加10,再取个位数字} 明文: 数字x$$

把收到的密文解密为明文。比如,收到密文"41",只需要进行下列运算

$$密文: 4 \xrightarrow{\ -3\ } 1 \xrightarrow{先加10,再取个位数字} 明文: 1$$

$$密文: 1 \xrightarrow{\ -3\ } -2 \xrightarrow{先加10,再取个位数字} 明文: 8$$

就可以得到明文为"18"。

上述加密和解密过程,都只需记住加密规则即可,这就避免了密码字典丢失带来的风险,这是数学的威力。

现在,请你使用同样的加密规则,设计一个加密算法吧!

首先,请你写出加密规则:

$$明文: 数字x \xrightarrow{\ (\quad)\ } (\qquad) \xrightarrow{取个位数字} 密文: 数字y$$

接下来,请你根据加密规则,写出解密规则:

$$密文: 数字y \xrightarrow{\ (\quad)\ } 数字z \xrightarrow{先加10,再取个位数字} 明文: 数字x$$

然后,把图6.3中你写出的明文,用这个加密算法进行加密,并把明文和密文写在图6.4中。

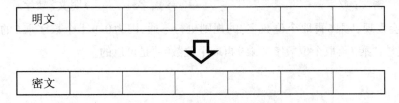

图6.4　用加法法则加密一组数字

6.1.3　用乘法表设计的加密算法

本小节我们介绍一种只要会背乘法表,就会用的加密算法。

首先我们来观察一下数字3的乘法表(表6.4)。

表6.4　数字3的乘法

乘数	0	1	2	3	4	5	6	7	8	9
算式	0×3	1×3	2×3	3×3	4×3	5×3	6×3	7×3	8×3	9×3
乘积	0	3	6	9	12	15	18	21	24	27

观察乘数和乘积,你有没有发现什么奥秘?其实,这里的奥秘是指表中第三行,乘积的个位数字刚好是0~9。所以,如果把明文的每一个数字先乘3,再取乘积的个位数,就可以对明文进行加密了!

因此,我们的加密规则为

$$明文: 数字x \xrightarrow{\times 3} 3x \xrightarrow{取个位数字} 密文: 数字y$$

发送方可以使用这个加密规则对明文"791"进行加密:

$$7 \xrightarrow{\times 3} 21 \xrightarrow{取个位数字} 1$$
$$9 \xrightarrow{\times 3} 27 \xrightarrow{取个位数字} 7$$
$$1 \xrightarrow{\times 3} 3 \xrightarrow{取个位数字} 3$$

转化为密文"173"。

而接收方可以使用解密规则

$$密文: 数字y \xrightarrow{查询3的乘法表,找到个位是y的乘积} 数字z \xrightarrow{\div 3} 明文: 数字x$$

得到明文。比如,当接收方收到密文"27",利用上面的解密规则,就可以得到明文为"49"。

你还可以找到类似的加密规则吗?是不是随便选一个数字相乘,取个位数字都可以?很快你会发现,乘数不能是偶数,否则个位数字只有0、2、4、6、8五个。比如,如果加密规则是乘2再取个位数字,就会造成下面这种情况:明文"1"和"6",加密后都变成密文"2"。这样,接收方收到密文"2",就不知道明文到底是"1"还是"6"了。

偶数不可以,那奇数呢?请你自己检查一下奇数的乘法表,设计一个数字加密算法吧!

加密规则:

$$明文: 数字x \xrightarrow{\times (\quad)} (\quad\quad) \xrightarrow{取个位数字} 密文: 数字y$$

解密规则:

$$密文: 数字y \xrightarrow{查询(\quad)的乘法表,找到个位是y的乘积} 数字z \xrightarrow{\div (\quad)} 明文: 数字x$$

然后你就会发现,"乘5再取个位数字"的规则也行不通,因为0~9十个数字乘5的乘积的个位不是0就是5。但是,"乘7再取个位数字""乘9再取个位数字"是可以的。

6.1.4 更复杂的加密算法

如果你觉得这个加密规则还是太简单，我们还可以将乘法和加法都用上，设计像下面这样的连续加密两次的加密规则：

$$明文：数字x \xrightarrow{+5} x+5 \xrightarrow{取个位数字} 数字y \xrightarrow{\times 3} 3y \xrightarrow{取个位数字} 密文：数字z$$

这样，发送方可以将明文"278"进行下面的操作：

$$2 \xrightarrow{+5} 7 \xrightarrow{取个位数字} 7 \xrightarrow{\times 3} 21 \xrightarrow{取个位数字} 1$$
$$7 \xrightarrow{+5} 12 \xrightarrow{取个位数字} 2 \xrightarrow{\times 3} 6 \xrightarrow{取个位数字} 6$$
$$8 \xrightarrow{+5} 13 \xrightarrow{取个位数字} 3 \xrightarrow{\times 3} 9 \xrightarrow{取个位数字} 9$$

得到密文"169"。

而如果接收方收到密文"451"，他们就可以经过下面的解密过程：

$$密文：数字z \xrightarrow{查询3的乘法表} 3y \xrightarrow{\div 3} 数字y \xrightarrow{+10-5} 数字m \xrightarrow{取个位数字} 明文：数字x$$

进行解密：

$$密文：4 \xrightarrow{查询3的乘法表} 24 \xrightarrow{除以3} 8 \xrightarrow{+10-5} 13 \xrightarrow{取个位数字} 明文：3$$
$$密文：5 \xrightarrow{查询3的乘法表} 15 \xrightarrow{除以3} 5 \xrightarrow{+10-5} 10 \xrightarrow{取个位数字} 明文：0$$
$$密文：1 \xrightarrow{查询3的乘法表} 21 \xrightarrow{除以3} 7 \xrightarrow{+10-5} 12 \xrightarrow{取个位数字} 明文：2$$

得到明文"302"。

到这里你是不是觉得设计密码实在太好玩了？可是，我们目前只学会了对数字信息设计加密算法，那么文字信息呢？

6.2　怎么加密文字信息？

在 6.1 节中，我们学习了用加法运算、乘法运算加密数字信息，从此你的银行卡密码就可以放心地记在小本本上了！可是，除了数字信息还有文字信息，文字信息怎么加密呢？

6.2.1　古罗马战神凯撒的秘密武器——凯撒密码

喜欢战争史的人应该都知道古罗马帝国的缔造者凯撒大帝，他以非凡的军事才能而著称。在凯撒的指挥下，古罗马军队四处征战，使罗马共和国领土迅速扩张，疆域横跨亚非欧三大洲。法国启蒙思想家孟德斯鸠曾经评价凯撒大帝："不论率领何种军队，他都会是胜利者；不论生于何种国度，他都将是领导者。"

凯撒大帝卓越的军事才能，不仅体现在他的用兵如神上，还体现在他使用信息加密技术传递情报上。根据古罗马史学家苏维托尼乌斯在《罗马十二帝王传》中所述,凯撒大帝与他的将军们传递情报时,会对文字信息进行加密。因为他深知情报对于战场的意义,所以他建立了将情报加密之后再传递的规则,这确保他能够"运筹帷幄之中,决胜千里之外"。

人们把凯撒大帝所使用的加密技术称为凯撒密码。凯撒密码的原理就是把字母表中的每个字母,用其在字母表中一个固定数目之后的字母替换。例如,如果这个固定数目为3,则凯撒密码的字典如表6.5所示。

表6.5　向后3个字母的凯撒加密字典

明文	A	B	C	D	E	F	G	H	I	J	K	L	M
密文	D	E	F	G	H	I	J	K	L	M	N	O	P
明文	N	O	P	Q	R	S	T	U	V	W	X	Y	Z
密文	Q	R	S	T	U	V	W	X	Y	Z	A	B	C

明文根据表6.5加密后,凯撒传递消息的字条在外人看来,就是一堆毫无意义的乱码。

接下来,请你根据表6.5,把密文"DWWDFNDWGDZQ"的明文写在表6.6中。

表6.6　密文"DWWDFNDWGDZQ"对应的明文

密文	D	W	W	D	F	N	D	W	G	D	Z	Q
明文												

从公元前58年到公元前51年,凯撒作为罗马共和国的总督,发动了征服高卢的战争。据说在战争初期,凯撒的军队常常因为情报被敌军截获而导致战斗失败。于是,凯撒设计出一种加密方法对情报进行加密。这一情报加密算法使敌军即使截获传递情报的字条,也无法获知情报的具体内容。

如果你已经写出了密文"DWWDFNDWGDZQ"的明文"ATTACKATDAWN",稍加断句,就知道这是"ATTACK AT DAWN"的意思。

虽然现在看来,凯撒密码是一种极易被破译的密码,但是在两千多年前,凯撒密码横空出世,无人能敌。这一套加密算法保证了军事情报的安全性,也体现了凯撒卓越的军事才能。凭借着这套加密算法,凯撒的谋略得以安全地传递到每一位将军手中,凯撒的大军开始攻城略地,战无不胜。经过八年的征战,高卢最终被凯撒纳入了罗马共和国的版图。高卢战争的胜利,也为凯撒带来了极高的荣誉。高卢战争后,凯撒的权势一时无人能敌,这也加速了罗马共和国走向罗马帝国的步伐。

看起来,凯撒密码是字母之间的转换,与数字没有关系,更与数学运算没有关系。这是不是说明,凯撒所使用的加密技术毫无数学原理可言呢?

6.2.2　凯撒密码的数学原理

其实,凯撒使用的加密技术是蕴含着数学原理的,本质上就是前面我们提到的加法原理。为了理解这一点,我们首先把26个英文字母用0~25这26个数字代替(表6.7)。这样,表6.5的密码表就可以写成表6.8。

表6.7　英文字母的数字代码

字母	A	B	C	D	E	F	G	H	I	J	K	L	M
数字	0	1	2	3	4	5	6	7	8	9	10	11	12
字母	N	O	P	Q	R	S	T	U	V	W	X	Y	Z
数字	13	14	15	16	17	18	19	20	21	22	23	24	25

表6.8　向后3个字母的凯撒密码

明文字母	A	B	C	D	E	F	G	H	I	J	K	L	M
明文数字	0	1	2	3	4	5	6	7	8	9	10	11	12
密文字母	D	E	F	G	H	I	J	K	L	M	N	O	P
密文数字	3	4	5	6	7	8	9	10	11	12	13	14	15
明文字母	N	O	P	Q	R	S	T	U	V	W	X	Y	Z
明文数字	13	14	15	16	17	18	19	20	21	22	23	24	25
密文字母	Q	R	S	T	U	V	W	X	Y	Z	A	B	C
密文数字	16	17	18	19	20	21	22	23	24	25	0	1	2

我们再来对比一下就会发现,凯撒密码如果按照表6.8将字母用数字代替,其加密规则就变成了：

$$明文：数字x \xrightarrow{+3} 数字y$$

你可能马上会说,这不对呀！如果是字母Z,它对应的数字是25,那么25 + 3 = 28,这已经超出了0~25的范围。那么,显然我们需要对数字y继续进行数学运算。怎么运算呢？像前面的数字加密算法一样,取个位数字吗？那样的话,最终得到的是0~9十个数字,就没有办法做到26个字母一一对应了！

不过,我们可以思考一下,10个符号的时候取个位数字,相当于数字y除以10取余数。现在0~25有26个符号的时候,我们只要将"取个位数字"变成"除以26取余数"就可以了。因此,凯撒密码的加密过程可以表示为

$$明文字母 \longrightarrow 数字x \xrightarrow{+3} 数字y \xrightarrow{\div 26, 取余数} 余数z \longrightarrow 密文字母$$

现在我们来验证一下,明文字母Z被加密为密文字母C的过程是这样的：

$$明文：Z \longrightarrow 25 \xrightarrow{+3} 28 \xrightarrow{\div 26, 取余数} 2 \longrightarrow 密文：C$$

而解密过程是这样的：

$$密文字母 \longrightarrow 数字z \xrightarrow{+26-3} 数字m \xrightarrow{\div 26, 取余数} 余数x \longrightarrow 明文字母$$

因此,密文字母A被解密为明文X的过程为

$$密文：A \longrightarrow 0 \xrightarrow{+26-3} 23 \xrightarrow{\div 26, 取余数} 23 \longrightarrow 明文：X$$

6.2.3 用乘法原理对文字信息进行加密

凯撒密码是使用加法原理对文字信息进行加密,那么能不能使用乘法原理对文字信息进行加密呢? 当然可以。

在表6.7中,我们已经将26个英文字母转化为26个数字。接下来,我们来考察一下,如果按照下面的加密规则对明文进行加密:

$$明文字母 \longrightarrow 数字x \xrightarrow{\times 3} 数字y \xrightarrow{\div 26,取余数z} 余数z \longrightarrow 密文字母$$

是不是能为每一个明文字母找到一个对应的密文字母?

把26个字母按照上述过程进行加密,得到表6.9。仔细观察你会发现,两组英文字母实现了一一对应。因此,这种"乘3除以26,再取余数"的加密规则是可行的。

表6.9 使用"乘3除以26,再取余数"的规则加密英文字母

明文	数字x	$3x$	$3x \div 26$的余数	密文
A	0	0	0	A
B	1	3	3	D
C	2	6	6	G
D	3	9	9	J
E	4	12	12	M
F	5	15	15	P
G	6	18	18	S
H	7	21	21	V
I	8	24	24	Y
J	9	27	1	B
K	10	30	4	E
L	11	33	7	H
M	12	36	10	K
N	13	39	13	N
O	14	42	16	Q
P	15	45	19	T
Q	16	48	22	W
R	17	51	25	Z
S	18	54	2	C
T	19	57	5	F
U	20	60	8	I

续表

明文	数字x	$3x$	$3x \div 26$的余数	密文
V	21	63	11	L
W	22	66	14	O
X	23	69	17	R
Y	24	72	20	U
Z	25	75	23	X

解密过程和使用乘法表对数字进行加密是类似的,但因为是除以26取余数,所以解密的计算量要大于数字加密过程。

比如,当收到密文"KAFV",解密过程是这样的:

密文:K —→ 10 —不能被3整除, +26→ 36 —可以被3整除,商为12→ 12 —→ 明文:M

密文:A —→ 0 —能被3整除,商为0→ 0 —→ 明文:A

密文:F —→ 5 —不能被3整除, +26→ 31 —不能被3整除, +26→ 57 —能被3整除,商为19→ 19 —→ 明文:T

密文:V —→ 21 —能被3整除,商为7→ 7 —→ 明文:H

从而得到明文为"MATH"。

6.2.4 使用统计规律破译加密算法

我们介绍了基于加法原理和乘法原理的两种加密方法。仔细观察你会发现,无论是数字加密算法还是文字加密算法,都有一个特点:明文和密文是一一对应的,而且这种对应关系是固定的。比如,在向后3个字母的凯撒加密方法(表6.5)中,明文字母"A"永远对应的是密文字母"D",而在"乘3除以26,再取余数"的方法(表6.9)中,明文字母"C"永远对应的是密文字母"G"。

破译这样的加密算法,需要用到统计学知识。我们知道,英文字母出现的频率不是均匀的,根据Algoritmy网站的统计,字母E是出现频率最高的,大约为12.702%,其次是T,大约为9.056%。

如果第三方截获的密文数量足够多,根据统计学知识,就能破译这类算法了。举例来说,如果一个经过凯撒加密算法处理的文字足够长,其中"G"出现的频率高达12%,那么对照英语字母出现频率表,就知道密文"G"对应的明文应该是"E"。

6.2.5 自带"钥匙"的加密算法

为了防止敌军根据统计频率破译密码,信息的收发两方还可能会约定好采用某个特定的加密规则,但加密操作中的具体细节则每次都会进行变化。

比如,双方约定用下面的方式进行加密:采用凯撒密码加密,但每句话都使用不同的密钥k,具体的加数为这句话的第一个字母在字母表中的次序。此时,当接收方收到这样的密文:"DQEXL",这条密文的第一个字母是解密的关键信息。第一个字母D是字母表中的第4个字母,这就意味着加密规

则为

$$明文字母 \longrightarrow 数字x \xrightarrow{\ +4\ } 数字y \xrightarrow{\div 26, 取余数z} 余数z \longrightarrow 密文字母$$

因此,按照向后移动4个字母的凯撒加密法解密,就可以轻松得到这条密文对应的明文为"MATH"。

再比如,接收方收到密文"47 1324 5048 2193 8201",它是经过这样的算法加密的:第一次加密采用加法,第二次加密采用乘法,但加密的加数和乘数包含在每一条消息的前两个数字中。因此,这条信息的前两个数字是解密的关键信息:第一个数字4意味着发送方将每一个数字加4再取个位数字,第二个数字7表示第二次加密是乘7再取个位数字。接收方看到"47",就知道发送方的加密规则可以用下面的过程表示:

$$明文: 数字x \xrightarrow{\ +4\ } x+4 \xrightarrow{取个位数字} 数字y \xrightarrow{\ \times 7\ } 7y \xrightarrow{取个位数字} 密文: 数字z$$

这样,接收方就利用解密规则:

$$密文: 数字z \xrightarrow{查询7的乘法表} 7y \xrightarrow{\ \div 7\ } 数字y \xrightarrow{+10-4} 数字m \xrightarrow{取个位数字} 明文: 数字x$$

并对密文"1324 5048 2193 8201"进行解密。请你根据上述解密规则,把对应的明文写在下面的横线上:

_____。

在密文"DQEXL"和"47 1324 5048 2193 8201"中,密文中的"D"和"47"就像打开一个百宝箱的钥匙,有了这把钥匙,才能真正得到隐藏在密文背后的明文信息。因此,通常会将这样的"钥匙"信息,称为解开这条密文的"密钥"。

你一定发现了,密文"DQEXL"和"47 1324 5048 2193 8201"的密钥"D"和"47"其实是没有经过加密的明文。如果除收发方外的第三方知道了加密规则,那么他就可以轻松破译密码。因此,为了增加破译密码的难度,密钥也需要加密,而且是用另外一套规则进行加密。

比如,凯撒加密算法加密的密文"3QEXL"中的"3"指的是圆周率第3位数字。那么,只要敌人不知道"3"的指代意义,就无法快速破译密码。而接收方只需背诵一下圆周率,就知道"3"所指代的密钥是4。这就提高了加密通信的安全性。

再比如,约定密钥使用"加3并取个位数字"的方式单独加密。这样,前面的密文"47 1324 5048 2193 8201"就变成了"70 1324 5048 2193 8201"。接收方收到密文后,首先使用密钥的解密规则对密文密钥"70"进行解密,得到明文密钥"47",然后再对密文"1324 5048 2193 8201"进行解密。

但这样自带密钥的加密算法,在同一段密文中,明文和密文依然是固定的一一对应关系,只要敌人猜出了一小段密文的含义,就能够快速破译全部密文。那么,在同一段密文"24217314"中,第一个密文"2"对应明文"3",第二个密文"2"对应明文"6",这样上面的破译方法就失效了。但是,根据我们前面的分析,如果密文"2"既对应明文"3",又对应明文"6",那接收方在解密时也会出错的呀!

有没有既可以做到上述要求,同时加密、解密又不会出错的加密算法呢?有,并且矩阵在其中扮演了重要角色。

6.3 **用矩阵乘法加密你的银行卡密码**

6.3.1 用矩阵乘法加密数字明文

本小节我们来了解一个用矩阵乘法对明文"123123"进行加密的过程。

第一步，将明文"123123"以按列依次书写的顺序，写成2行3列的明文矩阵 $\begin{bmatrix} 1 & 3 & 2 \\ 2 & 1 & 3 \end{bmatrix}$。

第二步，对明文矩阵 $\begin{bmatrix} 1 & 3 & 2 \\ 2 & 1 & 3 \end{bmatrix}$ 左乘矩阵 $\begin{bmatrix} 1 & 1 \\ 1 & 2 \end{bmatrix}$：

$$\begin{bmatrix} 1 & 1 \\ 1 & 2 \end{bmatrix}\begin{bmatrix} 1 & 3 & 2 \\ 2 & 1 & 3 \end{bmatrix}=\begin{bmatrix} 3 & 4 & 5 \\ 5 & 5 & 8 \end{bmatrix}$$

得到矩阵 $\begin{bmatrix} 3 & 4 & 5 \\ 5 & 5 & 8 \end{bmatrix}$。

第三步，对矩阵 $\begin{bmatrix} 3 & 4 & 5 \\ 5 & 5 & 8 \end{bmatrix}$ 的每一个元素进行"除以10并取余数"的运算，得到密文为"354558"。

接下来，请你利用上述加密规则对明文"5201314"进行加密。你可能发现了，这段明文有7个数字，无法写成2行的矩阵，其实只需要在明文的最后补上一个0，得到由8个数字组成的明文"52013140"，再写成2行4列的明文矩阵 $\begin{bmatrix} 5 & 0 & 3 & 4 \\ 2 & 1 & 1 & 0 \end{bmatrix}$。利用矩阵乘法

$$\begin{bmatrix} 1 & 1 \\ 1 & 2 \end{bmatrix}\begin{bmatrix} 5 & 0 & 3 & 4 \\ 2 & 1 & 1 & 0 \end{bmatrix}=\begin{bmatrix} & & & \\ & & & \end{bmatrix}$$

再对这个乘积矩阵进行"除以10并取余数"的运算，请你在下面的横线上写出最终得到的密文：

_____

如果你没有算错，明文"52013140"的密文应该是"79124544"。

通过上面两个例子，你一定发现了以下信息。

（1）明文"123123"是相同的一个数字组合"123"重复了两次，但密文却打破了这种规律，变成了"354558"。

（2）明文中的"1"对应的密文有两个数字，分别为"3"和"5"。

（3）明文中1、2、3三个数字出现的频率都是 $\frac{1}{3}$，但是在密文中出现了3、4、5、8四个数字，它们出现的频率分别是 $\frac{1}{6}$、$\frac{1}{6}$、$\frac{1}{2}$、$\frac{1}{6}$。

通过上述观察我们发现，这个加密算法的特点如下。

（1）同一个明文数字对应的密文数字可能不同。

（2）密文中数字出现的频率和明文中数字出现的频率完全不一样。

这两个特点就使第三方无法利用数字在密文中出现的频率来破译了。

6.3.2 这样加密靠谱吗?

你一定很疑惑,这样会不会造成密文"354558"除了是由明文"123123"加密而来,也可能是由另外一段6个数字组成的明文加密而来的?

要回答这个问题,首先我们把这两组明文按照两个数字一组,写出明文和密文的对照(表6.10),就会发现明文"123123"的第二对数字和明文"5201314"的第三对数字都是"31",而密文也是一样的,都是"45"。这是因为它们都是通过矩阵乘法

$$\begin{bmatrix} 1 & 1 \\ 1 & 2 \end{bmatrix}\begin{bmatrix} 3 \\ 1 \end{bmatrix} = \begin{bmatrix} 4 \\ 5 \end{bmatrix}$$

得到密文的。

表6.10 明文"123123""5201314"的密文对照

明文	12	31	23	
密文	35	45	58	
明文	52	01	31	40
密文	79	12	45	44

实际上,利用矩阵左乘矩阵 $\begin{bmatrix} 1 & 1 \\ 1 & 2 \end{bmatrix}$ 的加密算法,进行运算的对象并不是单个的数字0~9,而是两位数字组成的数字对00~99。这100个两位数字组合,经过左乘矩阵 $\begin{bmatrix} 1 & 1 \\ 1 & 2 \end{bmatrix}$,得到的乘积矩阵再进行"除以10并取余数"的变换,从而得到这100个明文组合相对应的密文组合。只要保证每一组明文经过变换都可以得到一个唯一的密文,并且不同的两位明文数字组合经过变换之后,对应的密文数字组合并不相同,就不会出现无法解密的问题。比如,明文"31"经过变换就得到了唯一与之对应的密文"45"。明文组合"12"和"31"并不相同,因此它们对应的密文分别为"35"和"45",也不相同。

那么,方阵 D 应该满足什么条件,才能具有上述特点呢?解决这个问题需要一些数论和矩阵的知识,我们在这里省略推导过程,只给出结论:利用矩阵乘法加密数字信息,方阵 D 要满足下面两个条件。

(1)方阵 D 的元素必须都是0~9范围内的整数。

(2)方阵 D 对应的行列式 $|D|$ 和10互质。

只要满足这两个条件,就可以利用矩阵乘法对数字信息进行加密。这里涉及一个概念——方阵的行列式。简单来说,行列式就是利用方阵中的所有元素进行指定的乘法和加法混合运算,所得到的结果被称为方阵的行列式。N 阶方阵的行列式的计算比较复杂,我们不在这里赘述,你可以翻阅任何一本线性代数课本来了解。这里给出二阶方阵 $\begin{bmatrix} a & b \\ c & d \end{bmatrix}$ 的行列式的计算公式 $\begin{vmatrix} a & b \\ c & d \end{vmatrix} = ad - bc$。换句话

说,二阶方阵的行列式的值等于主对角线上的元素的乘积与副对角线上的元素的乘积的差。

接下来,让我们检验一下方阵 $\begin{bmatrix} 1 & 1 \\ 1 & 2 \end{bmatrix}$ 是否满足这两个条件:条件(1)显然是满足的;方阵 $\begin{bmatrix} 1 & 1 \\ 1 & 2 \end{bmatrix}$ 的行列式 $\begin{vmatrix} 1 & 1 \\ 1 & 2 \end{vmatrix} = 1 \times 2 - 1 \times 1 = 1$,而1和10显然是互质的,条件(2)也满足。因此,方阵 $\begin{bmatrix} 1 & 1 \\ 1 & 2 \end{bmatrix}$ 可以作为加密矩阵。

6.3.3 怎么解密数字信息?

接下来,我们来研究解密的过程。如果接收方收到密文"13",该怎么解密呢?

由于密文是这样得到的:方阵 D 与明文 $A = \begin{bmatrix} x \\ y \end{bmatrix}$ 相乘的乘积矩阵的每一个分量取个位数字。因此,可能的情况有以下四种。

(1) $\begin{bmatrix} 1 & 1 \\ 1 & 2 \end{bmatrix} \begin{bmatrix} x \\ y \end{bmatrix} = \begin{bmatrix} 11 \\ 13 \end{bmatrix}$,得到 $\begin{bmatrix} x \\ y \end{bmatrix} = \begin{bmatrix} 9 \\ 2 \end{bmatrix}$。

(2) $\begin{bmatrix} 1 & 1 \\ 1 & 2 \end{bmatrix} \begin{bmatrix} x \\ y \end{bmatrix} = \begin{bmatrix} 11 \\ 3 \end{bmatrix}$,得到 $\begin{bmatrix} x \\ y \end{bmatrix} = \begin{bmatrix} 19 \\ -8 \end{bmatrix}$。

(3) $\begin{bmatrix} 1 & 1 \\ 1 & 2 \end{bmatrix} \begin{bmatrix} x \\ y \end{bmatrix} = \begin{bmatrix} 1 \\ 13 \end{bmatrix}$,得到 $\begin{bmatrix} x \\ y \end{bmatrix} = \begin{bmatrix} -11 \\ 12 \end{bmatrix}$。

(4) $\begin{bmatrix} 1 & 1 \\ 1 & 2 \end{bmatrix} \begin{bmatrix} x \\ y \end{bmatrix} = \begin{bmatrix} 1 \\ 3 \end{bmatrix}$,得到 $\begin{bmatrix} x \\ y \end{bmatrix} = \begin{bmatrix} -1 \\ 2 \end{bmatrix}$。

从这四个方程的解,可以得到以下信息。

(1)四个方程的解中, $\begin{bmatrix} 9 \\ 2 \end{bmatrix}$ 的分量在0~9的范围内, $\begin{bmatrix} 19 \\ -8 \end{bmatrix}, \begin{bmatrix} -11 \\ 12 \end{bmatrix}, \begin{bmatrix} -1 \\ 2 \end{bmatrix}$ 至少有一个分量不在0~9的范围内。因此,可以确定明文是"92"。

(2)继续观察 $\begin{bmatrix} 19 \\ -8 \end{bmatrix}, \begin{bmatrix} -11 \\ 12 \end{bmatrix}, \begin{bmatrix} -1 \\ 2 \end{bmatrix}$ 会发现,它们都可以写成10的倍数加9或2:

$$\begin{bmatrix} 19 \\ -8 \end{bmatrix} = \begin{bmatrix} 1 \times 10 + 9 \\ (-1) \times 10 + 2 \end{bmatrix} = \begin{bmatrix} 1 \times 10 \\ (-1) \times 10 \end{bmatrix} + \begin{bmatrix} 9 \\ 2 \end{bmatrix}$$

$$\begin{bmatrix} -11 \\ 12 \end{bmatrix} = \begin{bmatrix} (-2) \times 10 + 9 \\ 1 \times 10 + 2 \end{bmatrix} = \begin{bmatrix} (-2) \times 10 \\ 1 \times 10 \end{bmatrix} + \begin{bmatrix} 9 \\ 2 \end{bmatrix}$$

$$\begin{bmatrix} -1 \\ 2 \end{bmatrix} = \begin{bmatrix} (-1) \times 10 + 9 \\ 0 \times 10 + 2 \end{bmatrix} = \begin{bmatrix} (-1) \times 10 \\ 0 \times 10 \end{bmatrix} + \begin{bmatrix} 9 \\ 2 \end{bmatrix}$$

这是偶然的结果吗? 并不是。那为什么会这样呢? 因为 $\begin{bmatrix} 11 \\ 13 \end{bmatrix}, \begin{bmatrix} 11 \\ 3 \end{bmatrix}, \begin{bmatrix} 1 \\ 13 \end{bmatrix}, \begin{bmatrix} 1 \\ 3 \end{bmatrix}$ 具有相同的个位数,所以这四个矩阵可以写成 $\begin{bmatrix} 10m + 11 \\ 10n + 13 \end{bmatrix} = \begin{bmatrix} 10m \\ 10n \end{bmatrix} + \begin{bmatrix} 11 \\ 13 \end{bmatrix}$ 的形式,其中 m, n 是两个整数。这样,原信息 $\begin{bmatrix} x \\ y \end{bmatrix}$ 的求解过程就可以写成:

$$\begin{bmatrix} x \\ y \end{bmatrix} = \begin{bmatrix} 2 & -1 \\ -1 & 1 \end{bmatrix} \left(\begin{bmatrix} 10m \\ 10n \end{bmatrix} + \begin{bmatrix} 11 \\ 13 \end{bmatrix} \right)$$

$$= \begin{bmatrix} 2 & -1 \\ -1 & 1 \end{bmatrix} \begin{bmatrix} 10m \\ 10n \end{bmatrix} + \begin{bmatrix} 2 & -1 \\ -1 & 1 \end{bmatrix} \begin{bmatrix} 11 \\ 13 \end{bmatrix}$$

$$= \begin{bmatrix} (2m-n) \times 10 \\ (n-m) \times 10 \end{bmatrix} + \begin{bmatrix} 9 \\ 2 \end{bmatrix}$$

因此，可以说 19、-11、-1 除以 10 的余数都是 9，而 -8、12、2 除以 10 的余数都是 2，所以通过将结果除以 10 取余数的运算都可以得到明文 $\begin{bmatrix} 9 \\ 2 \end{bmatrix}$。

因此，接收方收到密文"13"，可以通过求解线性方程组

$$\begin{bmatrix} 1 & 1 \\ 1 & 2 \end{bmatrix} \begin{bmatrix} x \\ y \end{bmatrix} = \begin{bmatrix} 1 \\ 3 \end{bmatrix}$$

得到明文。而利用逆矩阵求线性方程组的方法，接收方只需进行下面的矩阵乘法运算：

$$\begin{bmatrix} x \\ y \end{bmatrix} = \begin{bmatrix} 2 & -1 \\ -1 & 1 \end{bmatrix} \begin{bmatrix} 1 \\ 3 \end{bmatrix} = \begin{bmatrix} -1 \\ 2 \end{bmatrix}$$

再将 $\begin{bmatrix} -1 \\ 2 \end{bmatrix}$ 的元素除以 10 取余数，就可以得到明文为"92"。

通过这个例子我们发现，接收方的解密过程是这样的：

$$\text{密文：} \begin{bmatrix} a \\ b \end{bmatrix} \xrightarrow{\begin{bmatrix} 2 & -1 \\ -1 & 1 \end{bmatrix}\begin{bmatrix} a \\ b \end{bmatrix}} \begin{bmatrix} c \\ d \end{bmatrix} \xrightarrow{\text{除以10取余数}} \text{明文：} \begin{bmatrix} x \\ y \end{bmatrix}$$

6.3.4 解密过程怎么改进？

在 6.3.3 小节的例子中，解密运算结果 $\begin{bmatrix} -1 \\ 2 \end{bmatrix}$ 出现了负数，负数除以 10 的余数并不是这个数的个位数字，这就使解密过程变得有点复杂。能不能改进解密过程，使计算过程不出现负数呢？

如果参与解密矩阵的元素都是正数，那么相应的乘积矩阵中就没有负数了。观察方阵 *D* 的逆矩阵 $\begin{bmatrix} 2 & -1 \\ -1 & 1 \end{bmatrix}$，我们可以将 $\begin{bmatrix} 2 & -1 \\ -1 & 1 \end{bmatrix}$ 的每个元素除以 10 再取余数，得到余数矩阵 $\begin{bmatrix} 2 & 9 \\ 9 & 1 \end{bmatrix}$。这样，$\begin{bmatrix} 2 & -1 \\ -1 & 1 \end{bmatrix}$ 可以分解为 10 的整数倍矩阵和余数矩阵两部分：

$$\begin{bmatrix} 2 & -1 \\ -1 & 1 \end{bmatrix} = \begin{bmatrix} 0+2 & -10+9 \\ -10+9 & 0+1 \end{bmatrix} = \begin{bmatrix} 0 & -10 \\ -10 & 0 \end{bmatrix} + \begin{bmatrix} 2 & 9 \\ 9 & 1 \end{bmatrix}$$

于是，利用矩阵乘法的分配律，就可以得到：

$$\begin{bmatrix} 2 & -1 \\ -1 & 1 \end{bmatrix} \begin{bmatrix} 1 \\ 3 \end{bmatrix} = \left(\begin{bmatrix} 0 & -10 \\ -10 & 0 \end{bmatrix} + \begin{bmatrix} 2 & 9 \\ 9 & 1 \end{bmatrix} \right) \begin{bmatrix} 1 \\ 3 \end{bmatrix}$$

$$= \begin{bmatrix} 0 & -10 \\ -10 & 0 \end{bmatrix} \begin{bmatrix} 1 \\ 3 \end{bmatrix} + \begin{bmatrix} 2 & 9 \\ 9 & 1 \end{bmatrix} \begin{bmatrix} 1 \\ 3 \end{bmatrix}$$

$$= \begin{bmatrix} -30 \\ -10 \end{bmatrix} + \begin{bmatrix} 29 \\ 12 \end{bmatrix}$$

因为 $\begin{bmatrix} -30 \\ -10 \end{bmatrix}$ 的两个元素都是 10 的整数倍，所以分别计算 29 和 12 除以 10 的余数，就得到密文为 "92"。

通过上述分析我们发现，把加密方阵 D 的逆矩阵分解为 10 的整数倍矩阵 $\begin{bmatrix} 0 & -10 \\ -10 & 0 \end{bmatrix}$ 和余数矩阵 $\begin{bmatrix} 2 & 9 \\ 9 & 1 \end{bmatrix}$，然后将密文和余数矩阵 $\begin{bmatrix} 2 & 9 \\ 9 & 1 \end{bmatrix}$ 相乘，也可以解密。所以，接收方可以用如下解密过程解密：

$$密文：\begin{bmatrix} a \\ b \end{bmatrix} \xrightarrow{\begin{bmatrix} 2 & 9 \\ 9 & 1 \end{bmatrix}\begin{bmatrix} a \\ b \end{bmatrix}} \begin{bmatrix} c \\ d \end{bmatrix} \xrightarrow{除以10取余数} 明文：\begin{bmatrix} x \\ y \end{bmatrix}$$

在密码学中，我们把矩阵 $\begin{bmatrix} 2 & 9 \\ 9 & 1 \end{bmatrix}$ 称为矩阵 $\begin{bmatrix} 1 & 1 \\ 1 & 2 \end{bmatrix}$ 的模 10 逆矩阵。这里 "模 10" 的意思是 10 的余数，所以模 10 逆矩阵可以理解为对矩阵 $\begin{bmatrix} 1 & 1 \\ 1 & 2 \end{bmatrix}$ 的逆矩阵的各元素取 10 的余数。

6.3.5　一些密码学干货

在 6.3.2 小节中，我们给出了设计加密方阵 D 的两个要求。

（1）方阵 D 的元素必须都是 0~9 范围内的整数。

（2）方阵 D 对应的行列式 $|D|$ 和 10 互质。

第一个要求非常好理解，如果 D 的元素出现了非整数，那么计算结果就会变成非整数，就无法进一步除以 10 取余数了。

第二个要求是为什么呢？在分析加密矩阵 $\begin{bmatrix} 1 & 1 \\ 1 & 2 \end{bmatrix}$ 和它的模 10 逆矩阵 $\begin{bmatrix} 2 & 9 \\ 9 & 1 \end{bmatrix}$ 之后，你大概能猜到了：存在模 10 逆矩阵是作加密矩阵的必要条件。

然而，并不是所有的整数矩阵都有对应的模 10 逆矩阵。为此，我们来介绍一个密码学基本概念——模 m 逆矩阵。

模 m 逆矩阵的定义　对于一个正整数 $m(m > 1)$ 和一个元素全部为 0~$(m-1)$ 范围内的整数的方阵 A，如果存在一个元素全部为 0~$(m-1)$ 范围内的整数的 $n \times n$ 方阵 B，使得 $A \times B$ 的乘积矩阵 C 满足：

（1）C 的对角线上的元素除以 m 的余数为 1；

（2）C 的非对角线上的元素可以被 m 整除，

那么就称方阵 A 模 m 可逆，并称方阵 B 为 A 的模 m 逆矩阵。

我们进一步给出判断整数矩阵存在模 m 逆矩阵的充分必要条件。

定理　整数方阵 A 模 m 可逆的充分必要条件是行列式 $|A|$ 与 m 互质。

"互质" 是小学数学中就学习过的概念：两个自然数 n 和 m 的最大公因数为 1，则 n 和 m 互质。例如，3 和 4 互质，2 和 9 互质。6 和 9 则不互质，因为它们的最大公因数为 3。

现在,你理解第二个要求"方阵 D 对应的行列式 $|D|$ 和 10 互质"的原因了吗？当你对由 0~9 这 10 个数字组成的信息进行加密时,你设计的加密矩阵一定要存在对应的模 10 逆矩阵,才能找到唯一的解密矩阵——模 10 逆矩阵。而这个要求就是为了保证方阵 D 存在模 10 逆矩阵。

利用这个条件,我们来判断矩阵 $\begin{bmatrix} 1 & 2 \\ 0 & 3 \end{bmatrix}$ 的模 10 可逆性质吧！

首先计算矩阵 $\begin{bmatrix} 1 & 2 \\ 0 & 3 \end{bmatrix}$ 的行列式 $\begin{vmatrix} 1 & 2 \\ 0 & 3 \end{vmatrix} = 1 \times 3 - 2 \times 0 = 3$。然后判断:因为 3 和 10 互质,所以矩阵 $\begin{bmatrix} 1 & 2 \\ 0 & 3 \end{bmatrix}$ 模 10 可逆。因为矩阵 $\begin{bmatrix} 1 & 2 \\ 0 & 3 \end{bmatrix}$ 模 10 可逆,所以它可以作为一个加密矩阵用于加密数字信息。

那么,怎么求矩阵 $\begin{bmatrix} 1 & 2 \\ 0 & 3 \end{bmatrix}$ 的模 10 逆矩阵呢？

首先,求矩阵 $\begin{bmatrix} 1 & 2 \\ 0 & 3 \end{bmatrix}$ 的逆矩阵 $\begin{bmatrix} 1 & 2 \\ 0 & 3 \end{bmatrix}^{-1} = \begin{bmatrix} 1 & -\dfrac{2}{3} \\ 0 & \dfrac{1}{3} \end{bmatrix}$。这个矩阵的元素不是整数,不过我们观察到:

$$\begin{bmatrix} 1 & 2 \\ 0 & 3 \end{bmatrix} \begin{bmatrix} k & -\dfrac{2}{3}k \\ 0 & \dfrac{1}{3}k \end{bmatrix} = \begin{bmatrix} 1 & 2 \\ 0 & 3 \end{bmatrix} \begin{bmatrix} 1 & -\dfrac{2}{3} \\ 0 & \dfrac{1}{3} \end{bmatrix} \times k = \begin{bmatrix} k & 0 \\ 0 & k \end{bmatrix}$$

所以,如果 $\begin{bmatrix} k & 0 \\ 0 & k \end{bmatrix}$ 的对角线上的元素除以 10 的余数为 1,并且 $\begin{bmatrix} k & -\dfrac{2}{3}k \\ 0 & \dfrac{1}{3}k \end{bmatrix}$ 是一个整数矩阵,我们就可以通过分解 $\begin{bmatrix} k & -\dfrac{2}{3}k \\ 0 & \dfrac{1}{3}k \end{bmatrix}$ 得到矩阵 $\begin{bmatrix} 1 & 2 \\ 0 & 3 \end{bmatrix}$ 的模 10 逆矩阵。只要 k 满足可以被 3 整除且除以 10 的余数为 1 即可。

你应该很快发现,21 满足这两个条件。所以,将 $k = 21$ 代入,并把矩阵分解为 10 的整数倍矩阵和余数矩阵(除以 10 的余数)的和:

$$\begin{bmatrix} k & -\dfrac{2}{3}k \\ 0 & \dfrac{1}{3}k \end{bmatrix} = \begin{bmatrix} 21 & -14 \\ 0 & 7 \end{bmatrix} = \begin{bmatrix} 20 & -20 \\ 0 & 0 \end{bmatrix} + \begin{bmatrix} 1 & 6 \\ 0 & 7 \end{bmatrix}$$

我们就可以得到,矩阵 $\begin{bmatrix} 1 & 2 \\ 0 & 3 \end{bmatrix}$ 的模 10 逆矩阵为 $\begin{bmatrix} 1 & 6 \\ 0 & 7 \end{bmatrix}$。可以再验证一下:$\begin{bmatrix} 1 & 2 \\ 0 & 3 \end{bmatrix}\begin{bmatrix} 1 & 6 \\ 0 & 7 \end{bmatrix} = \begin{bmatrix} 1 & 20 \\ 0 & 21 \end{bmatrix}$。

而 $\begin{bmatrix} 1 & 20 \\ 0 & 21 \end{bmatrix}$ 满足：对角线上的元素除以10的余数为1；非对角线上的元素可以被10整除。因此，$\begin{bmatrix} 1 & 6 \\ 0 & 7 \end{bmatrix}$ 是矩阵 $\begin{bmatrix} 1 & 2 \\ 0 & 3 \end{bmatrix}$ 的模10逆矩阵。

6.3.6 请你来设计一个加密算法吧！

读到这里，你对利用矩阵乘法设计加密数字信息的算法应该了如指掌了吧？其实，利用矩阵乘法的加密算法就是设计一个矩阵。

（1）设计加密算法，就是设计一个模10逆矩阵 D。加密过程就是：首先把明文转化为矩阵 A，然后通过矩阵乘法 $B = D \times A$ 得到矩阵 B，再对矩阵 B 的所有元素除以10，得到的余数矩阵就是密文矩阵。

（2）相应的解密算法，就是计算矩阵 D 的模10逆矩阵 F。解密过程就是：利用矩阵乘法 $W = F \times B$ 得到矩阵 W，再对矩阵 W 的所有元素除以10，得到的余数矩阵就是明文矩阵 A。

接下来，就让我们来牛刀小试一下！

为了增加难度，我们这次设计一个 3×3 的加密矩阵。

首先，写出一个 3×3 整数矩阵 $\begin{bmatrix} 1 & 1 & 2 \\ 0 & 3 & 2 \\ 0 & 1 & 1 \end{bmatrix}$。经过计算，$\begin{vmatrix} 1 & 1 & 2 \\ 0 & 3 & 2 \\ 0 & 1 & 1 \end{vmatrix} = 1$，而1和10互质。所以，这个矩阵可以作为加密矩阵。

接下来，我们来计算加密矩阵 $\begin{bmatrix} 1 & 1 & 2 \\ 0 & 3 & 2 \\ 0 & 1 & 1 \end{bmatrix}$ 的模10逆矩阵。我们先计算 $\begin{bmatrix} 1 & 1 & 2 \\ 0 & 3 & 2 \\ 0 & 1 & 1 \end{bmatrix}$ 的逆矩阵，并把它分解：

$$\begin{bmatrix} 1 & 1 & 2 \\ 0 & 3 & 2 \\ 0 & 1 & 1 \end{bmatrix}^{-1} = \begin{bmatrix} 1 & 1 & -4 \\ 0 & 1 & -2 \\ 0 & -1 & 3 \end{bmatrix} = \begin{bmatrix} 0 & 0 & -10 \\ 0 & 0 & -10 \\ 0 & -10 & 0 \end{bmatrix} + \begin{bmatrix} 1 & 1 & 6 \\ 0 & 1 & 8 \\ 0 & 9 & 3 \end{bmatrix}$$

于是，我们得到矩阵 $\begin{bmatrix} 1 & 1 & 2 \\ 0 & 3 & 2 \\ 0 & 1 & 1 \end{bmatrix}$ 的模10逆矩阵为 $\begin{bmatrix} 1 & 1 & 6 \\ 0 & 1 & 8 \\ 0 & 9 & 3 \end{bmatrix}$。

得到了加密矩阵 $\begin{bmatrix} 1 & 1 & 2 \\ 0 & 3 & 2 \\ 0 & 1 & 1 \end{bmatrix}$ 和它的模10逆矩阵 $\begin{bmatrix} 1 & 1 & 6 \\ 0 & 1 & 8 \\ 0 & 9 & 3 \end{bmatrix}$，我们就可以写出加密算法和解密算法的流程了，如图6.5和图6.6所示。

图 6.5 加密算法的流程

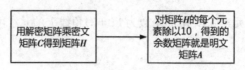

图6.6 解密算法的流程

6.4 希尔密码——用矩阵乘法加密文字信息

对文字信息进行加密,能不能利用6.3节中的思想设计相应的加密算法呢? 当然可以。

最早使用矩阵乘法设计加密算法的是美国数学家希尔(Lester S. Hill)。他设计了利用矩阵乘法运算对英文文字信息进行加密的算法。因此,通常会把这类使用矩阵乘法的加密文字信息的算法称为希尔密码。本节我们就来介绍希尔密码。

6.4.1 怎样设计希尔密码的加密矩阵?

首先,我们仍然把26个英文字母用0~25的数字表示(表6.11)。

表6.11 英文字母的数字代码

字母	A	B	C	D	E	F	G	H	I	J	K	L	M
数字	0	1	2	3	4	5	6	7	8	9	10	11	12
字母	N	O	P	Q	R	S	T	U	V	W	X	Y	Z
数字	13	14	15	16	17	18	19	20	21	22	23	24	25

你可能会想,6.3.1小节使用的加密矩阵$\begin{bmatrix} 1 & 1 \\ 1 & 2 \end{bmatrix}$能不能用来对26个英文字母组成的英文文字信息加密呢? 回顾6.3.5小节,我们知道希尔密码的加密矩阵必须满足下面两个条件。

(1)加密方阵的元素必须都是0~25范围内的整数。

(2)加密方阵对应的行列式的值和26互质。

由于行列式$\begin{vmatrix} 1 & 1 \\ 1 & 2 \end{vmatrix} = 1$和26是互质的,所以方阵$\begin{bmatrix} 1 & 1 \\ 1 & 2 \end{bmatrix}$存在模26逆矩阵。这就保证了方阵$\begin{bmatrix} 1 & 1 \\ 1 & 2 \end{bmatrix}$可以作为希尔密码的加密矩阵。

下面我们以明文"I LOVE MATH"为例,了解希尔密码的加密过程。

第一步,根据表6.11,把"I LOVE MATH"转化成数字:"8,11,14,21,4,12,0,19,7"。

第二步,把它写成2行的明文矩阵$\begin{bmatrix} 8 & 14 & 4 & 0 & 7 \\ 11 & 21 & 12 & 19 & 19 \end{bmatrix}$,其中最后一个元素"19"是为了补齐矩

阵增加的。

第三步,选取加密矩阵 $\begin{bmatrix} 1 & 1 \\ 1 & 2 \end{bmatrix}$,并左乘这个矩阵,得到乘积矩阵:

$$\begin{bmatrix} 1 & 1 \\ 1 & 2 \end{bmatrix}\begin{bmatrix} 8 & 14 & 4 & 0 & 7 \\ 11 & 21 & 12 & 19 & 19 \end{bmatrix} = \begin{bmatrix} 19 & 35 & 16 & 19 & 26 \\ 30 & 56 & 28 & 38 & 45 \end{bmatrix}$$

第四步,对矩阵 $\begin{bmatrix} 19 & 35 & 16 & 19 & 26 \\ 30 & 56 & 28 & 38 & 45 \end{bmatrix}$ 的每一个元素除以 26 取余数,得到密文矩阵 $\begin{bmatrix} 19 & 9 & 16 & 19 & 0 \\ 4 & 4 & 2 & 12 & 19 \end{bmatrix}$。

第五步,根据表6.11,将矩阵 $\begin{bmatrix} 19 & 9 & 16 & 19 & 0 \\ 4 & 4 & 2 & 12 & 19 \end{bmatrix}$ 转换为密文"TEJEQCTMAT"。

这样就完成了对明文"I LOVE MATH"的加密。

看到这里,你是不是也跃跃欲试?那就请你亲自试试希尔加密算法吧!

6.4.2 为你的日记设计希尔加密算法

你有没有写日记的习惯?日记里会不会有一些不想和任何人吐露的小秘密?学习了希尔密码设计规则,请你为自己设计一个专属的希尔加密算法吧!

首先,找出一个满足条件的加密矩阵 D =

_____。

然后,请你利用这个加密矩阵加密一句话,把这句话写到草稿纸上,然后用下面的步骤对这句话进行加密。

第一步,查表6.11,写出明文对应的数字(由于这些数字是由0~25的数字组成,所以请把每个英文字母对应的数字用逗号隔开)。

_____

第二步,把数字写成矩阵(这里注意,矩阵 A 的行数要和加密矩阵 D 的行数一样)。

A =

_____

第三步,用加密矩阵 D 左乘矩阵 A,得到矩阵 B。

B =

_____

第四步,对矩阵 B 的每一个元素除以26取余数,得到矩阵 C。

C =

_____

第五步,查表6.11,将矩阵 C 转换为密文_____。

现在,这句话的密文看上去是不是一串毫无意义的乱码?当你有不想让别人看到的小秘密需要记录时,就可以用这个方法进行加密了。

6.4.3 怎样得到希尔密码的解密矩阵?

希尔密码的加密矩阵设计好之后,最好顺便计算出对应的解密矩阵。根据 6.3.6 小节的分析,解密矩阵应该是加密矩阵的模 26 逆矩阵。所以,我们来计算一下矩阵 $\begin{bmatrix} 1 & 1 \\ 1 & 2 \end{bmatrix}$ 的模 26 逆矩阵。

对矩阵 $\begin{bmatrix} 1 & 1 \\ 1 & 2 \end{bmatrix}$ 的逆矩阵 $\begin{bmatrix} 2 & -1 \\ -1 & 1 \end{bmatrix}$ 进行 26 的余数分解:

$$\begin{bmatrix} 2 & -1 \\ -1 & 1 \end{bmatrix} = \begin{bmatrix} 0 & -26 \\ -26 & 0 \end{bmatrix} + \begin{bmatrix} 2 & 25 \\ 25 & 1 \end{bmatrix}$$

就得到了矩阵 $\begin{bmatrix} 1 & 1 \\ 1 & 2 \end{bmatrix}$ 的模 26 逆矩阵 $\begin{bmatrix} 2 & 25 \\ 25 & 1 \end{bmatrix}$。这个矩阵就是加密矩阵 $\begin{bmatrix} 1 & 1 \\ 1 & 2 \end{bmatrix}$ 对应的解密矩阵。

所以,解密的过程就如图 6.7 所示。

图 6.7　希尔密码的解密过程

现在,假设你是一名将军,你收到一张写着"TMTTMWTMDDJW"的字条,你知道这是经过矩阵 $\begin{bmatrix} 1 & 1 \\ 1 & 2 \end{bmatrix}$ 加密的密文,请利用对应的解密矩阵 $\begin{bmatrix} 2 & 25 \\ 25 & 1 \end{bmatrix}$ 解密吧!

解密后的明文是"ATTACK AT DAWN"。还记得我们在利用矩阵乘法加密数字信息的 6.3 节分析过,利用矩阵乘法加密可以使同一个明文数字对应不同的密文数字。事实上,希尔密码也有这样的特点。

我们把明文"ATTACK AT DAWN"和密文"TMTTMW TM DDJW"对应来看,就会发现以下信息。

(1)明文中多次出现的字母有 A 和 T 两个,其中 A 在明文中出现了 4 次,对应的密文依次为 T、T、T、D;字母 T 在明文中出现了 3 次,对应的密文依次为 M、T、M。

(2)明文中一共出现了 A、T、C、K、D、W、N 七个字母,而密文中出现了 T、M、W、D、J 五个字母。如表 6.12 所示,不但明文和密文中出现的字母数量不同,每个字母出现的次数也完全不匹配。

表 6.12　明文"ATTACK AT DAWN"和密文"TMTTMW TM DDJW"字母出现次数对照

明文字母	A	T	C	K	D	W	N
明文字母出现次数	4	3	1	1	1	1	1
密文字母	T	M	W	D	J		
密文字母出现次数	4	3	2	2	1		

从这个例子可以看出,利用矩阵乘法运算,希尔密码的确打破了明文中字母出现频率的规律,使从字母出现频率的角度进行破译变得不可能。

6.4.4 希尔密码的破译

那么，希尔密码怎么破译呢？只要能得到解密矩阵，就可以破译希尔加密算法了。

我们来分析下面三种情况下，破译一个用二阶方阵加密的希尔密码的计算量。

（1）如果经过分析，知道加密方式是二阶方阵加密的希尔密码，但不知任何具体信息。

这种情况下，破译就需要采取穷举的方式了，也就是把所有模 26 可逆的矩阵全部作为解密矩阵来试一遍，再根据每一个解密后的明文判断解密是不是对。然而，所有二阶模 26 可逆的矩阵有157248 个。如有一个有 12 个字符的密文，则需要计算 157248 个矩阵乘法，所得矩阵还要进行"除以26 取余数"的计算。然后将会得到 157248 条可能的明文，需要一一甄别，根据具体情况进行分析、判断。这个计算量是巨大的。

（2）假设前文中明文"ATTACK AT DAWN"和密文"TMTTMW TM DDJW"经过分析得知，明文中的"DA"对应的密文是"DD"。由于"DA"和"DD"对应的数字矩阵为 $\begin{bmatrix} 3 \\ 0 \end{bmatrix}$ 和 $\begin{bmatrix} 3 \\ 3 \end{bmatrix}$，因此加密矩阵 D 满足矩阵乘法 $D\begin{bmatrix} 3 \\ 0 \end{bmatrix}$ 的乘积矩阵的每一个元素除以 26 的余数矩阵为 $\begin{bmatrix} 3 \\ 3 \end{bmatrix}$。设 $D = \begin{bmatrix} a & b \\ c & d \end{bmatrix}$，则可以得到 $D\begin{bmatrix} 3 \\ 0 \end{bmatrix} = \begin{bmatrix} 3a \\ 3c \end{bmatrix}$，根据 a, b, c, d 的取值范围为 0~25 范围内的整数，可得 $D = \begin{bmatrix} 1 & b \\ 1 & d \end{bmatrix}$。此时，可能的模 26 逆矩阵就剩下 312 个，从而得到 312 条可能的明文。与第一种情况相比，从 312 条可能的明文中找出正确的明文，这个计算量就非常小了。

（3）假设前文中明文"ATTACK AT DAWN"和密文"TMTTMW TM DDJW"经过分析得知，明文中的字母"DAWN"对应的密文是"DDJW"。那么，把"DAWN"和"DDJW"写成相应的数字矩阵，得到 $\begin{bmatrix} 3 & 22 \\ 0 & 13 \end{bmatrix}$ 和 $\begin{bmatrix} 3 & 9 \\ 3 & 22 \end{bmatrix}$。

因此，加密矩阵 D 满足：矩阵乘法 $D\begin{bmatrix} 3 & 22 \\ 0 & 13 \end{bmatrix}$ 的乘积矩阵的每一个元素除以 26 的余数矩阵为 $\begin{bmatrix} 3 & 9 \\ 3 & 22 \end{bmatrix}$。设 $D = \begin{bmatrix} a & b \\ c & d \end{bmatrix}$，则可以得到 $D\begin{bmatrix} 3 & 22 \\ 0 & 13 \end{bmatrix} = \begin{bmatrix} 3a & 22a+13b \\ 3c & 22c+13d \end{bmatrix}$。所以得到，$\begin{bmatrix} 3a & 22a+13b \\ 3c & 22c+13d \end{bmatrix}$ 的每一个元素除以 26 的余数矩阵为 $\begin{bmatrix} 3 & 9 \\ 3 & 22 \end{bmatrix}$。根据 a, b, c, d 的取值范围为 0~25 范围内的整数，很快就可以解得 $D = \begin{bmatrix} 1 & 1 \\ 1 & 2 \end{bmatrix}$。

从这个例子可以看出，破译希尔密码，关键在于确定密文中的某个片段所对应的明文。知道得越多，破译效率越高。

6.4.5 动态的希尔密码

虽然利用二阶模 26 逆矩阵加密英文文字信息的加密矩阵有 157248 个，但通过上述分析我们发现，只要知道一对字母组合的明文和密文对应关系，就可以迅速破译密码。因此，希尔密码的安全级别并不高。那么,如何提高希尔密码的安全性呢?

　　与前面我们设计的动态凯撒密码类似,如果每次使用不同的加密矩阵进行加密,就大大提高了破译难度。如果发送方和接收方有一个密码本,对上面157248个模26逆矩阵编号,每次发送的明文的前四个字母表示加密矩阵的编号,然后对这个编号采用一种约定的加密方式,而对其他的明文使用指定编号的加密矩阵进行加密。

　　假设在双方的密码本上,加密矩阵 $\begin{bmatrix} 1 & 1 \\ 1 & 2 \end{bmatrix}$ 的编号为 ADFG。则明文为"ADFG ATTACK AT DAWN",密文为"ADFG TMTTMW TM DDJW"。

　　不过,加密的流程越复杂,解密的过程也就越复杂。希尔密码在实际应用中并没有流行开来,原因是加密和解密所需的矩阵运算并不是人人都擅长的。特别是在战场上,要给每支部队配备一个会计算矩阵乘法、会计算方阵的逆矩阵的通信兵,难度太大。

第 7 章

互联网：矩阵的世界

2021年，"元宇宙"的概念引起全世界的关注。"元宇宙"这个词来自科幻小说《雪崩》，小说描绘了人类的精神世界完全数字化为"元宇宙"的故事。而在现实世界中，人们越来越无法清晰地分开现实和虚拟了，网络中的你和现实中的你，哪一个才是真的你？这一切又都和科幻电影《黑客帝国》相呼应。在这部神作中，人工智能为了奴役人类，创造了一个叫作"矩阵（Matrix）"的元宇宙。绝大多数人从出生到死亡，精神都被困在"矩阵"中。极少数人从"矩阵"逃脱，并建立了以解放全人类为目标的反抗组织。你知道为什么编剧把这个虚拟世界命名为"矩阵"吗？原因之一是，矩阵是计算机科学的数学基础之一，互联网中处处都可见到矩阵的影子。

接下来，让我们来看看如何用矩阵表示你的微信朋友圈、微博好友；再来揭示一下，你在搜索引擎上检索的信息是如何"被排序"的。

7.1 用矩阵表示你的社交网络

7.1.1 绘制一张微信好友关系图

你的微信里至少也有几十个好友吧？如果我们要把这些好友之间的关系画成一张图，该怎么做呢？

首先，我们把每一个好友用一个点表示。然后，挨个检查，如果两个人是好友，就在代表着两个人的点之间连一条线。如果你的好友比较多，可能需要很大一张纸才能把这张关系图画出来。为了方便分析，我们假设有六个微信用户：张三、李四、小雪、Tom、小梅、秋，他们六个人的微信好友关系可用图7.1表示。

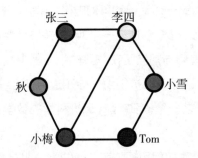

图7.1　六个微信用户之间的关系

接下来，我们用一个矩阵来把图7.1中的信息表示出来。首先，我们用表7.1来表示这六个人的关系，如果两个人互为微信好友，就在对应的格子打√。

表7.1　六个人的关系

姓名	姓名					
	张三	李四	小雪	Tom	小梅	秋
张三		√				√
李四	√		√		√	
小雪		√		√		
Tom			√		√	
小梅		√		√		√
秋	√				√	

然后，我们把表7.1中的√用1表示，其他空白的位置用0表示。这样，我们就可以用下面的矩阵 *A* 来表示这六个人的微信好友关系。

$$
A = \begin{array}{cccccc}
\text{张三} & \text{李四} & \text{小雪} & \text{Tom} & \text{小梅} & \text{秋}
\end{array}
\left[\begin{array}{cccccc}
0 & 1 & 0 & 0 & 0 & 1 \\
1 & 0 & 1 & 0 & 1 & 0 \\
0 & 1 & 0 & 1 & 0 & 0 \\
0 & 0 & 1 & 0 & 0 & 1 \\
0 & 1 & 0 & 1 & 0 & 1 \\
1 & 0 & 0 & 0 & 1 & 0
\end{array}\right]
\begin{array}{l}
\text{张三} \\
\text{李四} \\
\text{小雪} \\
\text{Tom} \\
\text{小梅} \\
\text{秋}
\end{array}
$$

观察这个矩阵,你会发现它有以下几个特点。

(1)这个矩阵是一个方阵,阶数为图7.1中点的数量。

(2)矩阵中的数字只有两种:0或1。

(3)矩阵对角线上的元素全都是0。

(4)这个矩阵是一个对称矩阵。

这个矩阵就是图论中一个非常经典和常用的矩阵——邻接矩阵。它表示一个关系图中的点与点之间的关系,换句话说,这个矩阵包含了图7.1中点线连接关系的所有信息。

如果在秋的介绍下,张三和小梅互相加了微信好友,那么图7.1就多了一条边。邻接矩阵会发生什么变化呢? 实际上,我们只需要把原来的邻接矩阵中有关张三和小梅的两个位置的数字,从0改成1就可以了。

你可能觉得,还是用图7.1表示好友关系更直观。然而,对于计算机来说,还是由0和1组成的矩阵A更加直观。把一个关系图用矩阵表示出来,是很多涉及社交网络的分析算法要做的第一步。

7.1.2 绘制一张微博好友关系图

微博的社交网络和微信的社交网络稍有不同。比如,微信朋友圈里两个好友的关系是相互的、双向的。而微博中的"关注",则是一种单向的关系,也就是说,甲关注了乙,并不意味着乙也会关注甲。只有"相互关注"才意味着甲关注了乙,同时乙也关注了甲。因此,我们用来表示微信好友关系的矩阵,并不能直接用来表示微博好友关系。那微博的社交网络要怎样表示呢?

我们还是用张三、李四、小雪、Tom、小梅、秋这六个人来举例说明。如图7.2所示,如果张三关注了李四,说明每一次李四在微博上发布信息,张三都能看到。因此,我们用包含信息传递方向的有向线段,也就是一条从代表李四的点出发,箭头指向张三的有向线段表示二者之间的关注关系。

类似于7.1.1小节中的做法,我们把图7.2所表达的信息用表7.2表示。其中,表格的第一列表示被关注者(也就是图7.2中带箭头的线段的起点),第一行表示关注者(也就是图7.2中带箭头的线段的终点)。

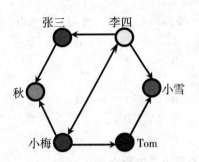

图7.2 六个微博用户之间的关系

表7.2 六个人的关系

被关注者	关注者					
	张三	李四	小雪	Tom	小梅	秋
张三						√
李四	√		√		√	
小雪						
Tom			√			
小梅		√		√		√
秋						

然后,我们把表7.2中的空白位置用0表示,有√的位置用1表示,就得到了图7.2的邻接矩阵:

$$
\begin{array}{ccccccc}
& 张三 & 李四 & 小雪 & Tom & 小梅 & 秋 \\
\boldsymbol{B} = \begin{bmatrix}
0 & 0 & 0 & 0 & 0 & 1 \\
1 & 0 & 1 & 0 & 1 & 0 \\
0 & 0 & 0 & 0 & 0 & 0 \\
0 & 0 & 1 & 0 & 0 & 0 \\
0 & 1 & 0 & 1 & 0 & 1 \\
0 & 0 & 0 & 0 & 0 & 0
\end{bmatrix}
& \begin{array}{l} 张三 \\ 李四 \\ 小雪 \\ Tom \\ 小梅 \\ 秋 \end{array}
\end{array}
$$

与图7.1的邻接矩阵 $\boldsymbol{A}$ 相比,图7.2的邻接矩阵 $\boldsymbol{B}$ 有什么异同之处呢?

(1)这个矩阵也是一个方阵,阶数为图7.2中点的数量。

(2)矩阵中的数字只有两种:0或1。

(3)矩阵对角线上的元素全都是0。

(4)这个矩阵并不是对称矩阵,矩阵的每一行表示某个人作为被关注者,他的粉丝都是谁;每一列表示某个人作为关注者,他关注了哪些人。

从图7.2的邻接矩阵 $\boldsymbol{B}$ 我们能够感受到,像图7.2这样带有方向的图,比图7.1这样不带方向的图要复杂。

7.1.3　你有几个微信好友？几个微博粉丝？

当你打开微信、微博，很快就可以查到你有几个微信好友、你的微博关注了几个人、你又被几个人关注。其实，这些数字可以通过邻接矩阵计算。

我们还是以图7.1为例，数一下图中每一个点和几个点相连呢？我们把结果写在表7.3中。

表7.3　图7.1中六个人的好友数量

姓名	好友数量
张三	2
李四	3
小雪	2
Tom	2
小梅	3
秋	2

现在，我们再来观察一下图7.1的邻接矩阵 $\begin{bmatrix} 0 & 1 & 0 & 0 & 0 & 1 \\ 1 & 0 & 1 & 0 & 1 & 0 \\ 0 & 1 & 0 & 1 & 0 & 0 \\ 0 & 0 & 1 & 0 & 1 & 0 \\ 0 & 1 & 0 & 1 & 0 & 1 \\ 1 & 0 & 0 & 0 & 1 & 0 \end{bmatrix}$ 。矩阵的第一行是张三和其他人

的连接情况，这一行有两个1，说明他有两个好友。类似地，其他人的好友也可以通过这个人对应的矩阵的那一行有多少个1来判断。实际上，只需要做一个简单的矩阵乘法

$$\begin{bmatrix} 0 & 1 & 0 & 0 & 0 & 1 \\ 1 & 0 & 1 & 0 & 1 & 0 \\ 0 & 1 & 0 & 1 & 0 & 0 \\ 0 & 0 & 1 & 0 & 1 & 0 \\ 0 & 1 & 0 & 1 & 0 & 1 \\ 1 & 0 & 0 & 0 & 1 & 0 \end{bmatrix} \begin{bmatrix} 1 \\ 1 \\ 1 \\ 1 \\ 1 \\ 1 \end{bmatrix} = \begin{bmatrix} 2 \\ 3 \\ 2 \\ 2 \\ 3 \\ 2 \end{bmatrix}$$

就可以得到每个人的好友数量。我们把这个计算结果与表7.3核对，发现完全一致。

接下来，我们看看图7.2所代表的微博好友关系图。首先，我们还是观察图7.2，得到表7.4中每个人微博关注的人的数量和粉丝数量。

表7.4　图7.2中六个人的好友数量

姓名	粉丝数量	关注的人的数量
张三	1	1
李四	3	1
小雪	0	2

姓名	粉丝数量	关注的人的数量
Tom	1	1
小梅	3	1
秋	0	2

我们已经得到,图7.2的邻接矩阵是 $\begin{bmatrix} 0 & 0 & 0 & 0 & 0 & 1 \\ 1 & 0 & 1 & 0 & 1 & 0 \\ 0 & 0 & 0 & 0 & 0 & 0 \\ 0 & 0 & 1 & 0 & 0 & 0 \\ 0 & 1 & 0 & 1 & 0 & 1 \\ 0 & 0 & 0 & 0 & 0 & 0 \end{bmatrix}$。根据7.1.2小节的分析,我们得到以下

信息。

(1)矩阵的第一行表示张三作为被关注者,他的粉丝都是谁。我们发现,这一行只有一个1,那就是说,张三有一个粉丝。

(2)矩阵的第一列表示张三作为关注者,他关注了哪些人。我们发现,这一列只有一个1,那就是说,张三关注了一个人。

因此,利用矩阵乘法

$$\begin{bmatrix} 0 & 0 & 0 & 0 & 0 & 1 \\ 1 & 0 & 1 & 0 & 1 & 0 \\ 0 & 0 & 0 & 0 & 0 & 0 \\ 0 & 0 & 1 & 0 & 0 & 0 \\ 0 & 1 & 0 & 1 & 0 & 1 \\ 0 & 0 & 0 & 0 & 0 & 0 \end{bmatrix}\begin{bmatrix} 1 \\ 1 \\ 1 \\ 1 \\ 1 \\ 1 \end{bmatrix} = \begin{bmatrix} 1 \\ 3 \\ 0 \\ 1 \\ 3 \\ 0 \end{bmatrix}$$

我们可以得到每个人的粉丝数量,而利用矩阵乘法

$$\begin{bmatrix} 1 & 1 & 1 & 1 & 1 & 1 \end{bmatrix}\begin{bmatrix} 0 & 0 & 0 & 0 & 0 & 1 \\ 1 & 0 & 1 & 0 & 1 & 0 \\ 0 & 0 & 0 & 0 & 0 & 0 \\ 0 & 0 & 1 & 0 & 0 & 0 \\ 0 & 1 & 0 & 1 & 0 & 1 \\ 0 & 0 & 0 & 0 & 0 & 0 \end{bmatrix} = \begin{bmatrix} 1 & 1 & 2 & 1 & 1 & 2 \end{bmatrix}$$

可以得到某人关注了几个人。我们把这两个计算结果与表7.4核对,发现完全一致。

实际上,我们所做的分析,用一句话来概括,就是把类似于微信和微博这样的社交网络表示成一个图,并把图转化为矩阵,通过分析矩阵的特性,分析这个图的特性。这是矩阵在图论中的具体应用之一。

你可能觉得,直接观察图7.1和图7.2就可以得到上述结论,不需要进行矩阵运算和分析。你是对的,像图7.1和图7.2这样点和线都很少的图,用矩阵分析的确有些大材小用了。但是,对于一些点和线非常多的图,直接观察很容易出错,用矩阵分析则快捷得多。

7.1.4 代表真实社交网络的矩阵非常大

为了便于展示，本书只给出了一个六个人的关系图，而在现实世界中，所有微信用户、微博用户构成了一个包含数亿个点、数百亿条线的关系网络。这个关系图如果要用类似于图7.1或图7.2的方式展现出来，几乎是不可能的。但是，利用矩阵工具，微信用户组成的关系网络就能够用矩阵表示了。而用矩阵表示的优点不止于此，更重要的是，用矩阵形式存储，更便于计算机查询、修改和分析。

实际上，我们每个人的好友数量是有限的，根据腾讯2018年公开的数据，微信用户的平均好友数量是128，超过5000个好友的用户大约有100万个，占比不到千分之一。也就是说，在表示所有微信用户的好友关系的那个超大矩阵中，表示某个用户好友的那一行里，只有几百个元素是1，其他都是0。因此，这个表示好友关系的矩阵，是一个由非常多的0和极少的1组成的矩阵。我们把这个0元素非常多，非零元素极少的矩阵叫作稀疏矩阵。

实际上，微信和微博也并不会用一个具有十几亿行、十几亿列的矩阵来存储整个微信或微博的社交网络。微信和微博的数据工程师会利用更巧妙的办法来存储每个人的微信好友或微博粉丝、关注者。简单来说，就是每个用户只存储和自己有关的那一部分不等于0的元素。如果从矩阵理论的角度来解释，那就是这个十几亿行、十几亿列的矩阵被分解成很多个小矩阵，分别存储在每个用户的数据库中。

7.2 认识一个陌生人，最少需要几个人介绍？

两个陌生人，通过各自的社交好友介绍，需要通过几个人才能认识呢？这个问题其实是图论中一个经典的问题，在一个图上，从一个点到达另一个点，最少需要经过几个点？

7.2.1 通过社交网络，通过一个中间人认识另一个人

我们来看看图7.1，张三和小梅不是好友，但是通过李四或秋牵线搭桥，只需要两步，张三就能够认识小梅了。其实，除了通过观察图7.1得到这个结论，我们还可以通过邻接矩阵的乘法得到这个结论。我们知道，图7.1的邻接矩阵是 $A = \begin{bmatrix} 0 & 1 & 0 & 0 & 0 & 1 \\ 1 & 0 & 1 & 0 & 1 & 0 \\ 0 & 1 & 0 & 1 & 0 & 0 \\ 0 & 0 & 1 & 0 & 1 & 0 \\ 0 & 1 & 0 & 1 & 0 & 1 \\ 1 & 0 & 0 & 0 & 1 & 0 \end{bmatrix}$。它的另一个含义是，在一个图上，从一个点出发，移动一步，能够到达哪些点。那从一个点出发，移动两步，能够到达哪些点呢？

这个问题我们可以利用矩阵 A 的二次幂

$$\begin{bmatrix} 0 & 1 & 0 & 0 & 0 & 1 \\ 1 & 0 & 1 & 0 & 1 & 0 \\ 0 & 1 & 0 & 1 & 0 & 0 \\ 0 & 0 & 1 & 0 & 1 & 0 \\ 0 & 1 & 0 & 1 & 0 & 1 \\ 1 & 0 & 0 & 0 & 1 & 0 \end{bmatrix}^2 = \begin{bmatrix} 2 & 0 & 1 & 0 & 2 & 0 \\ 0 & 3 & 0 & 2 & 0 & 2 \\ 1 & 0 & 2 & 0 & 2 & 0 \\ 0 & 2 & 0 & 2 & 0 & 1 \\ 2 & 0 & 2 & 0 & 3 & 0 \\ 0 & 2 & 0 & 1 & 0 & 2 \end{bmatrix}$$

得到。它包含了什么信息呢？我们把这个矩阵还原成表7.5。表7.5告诉我们，从图7.1中某个点出发，走两步到达另一个点，有多少种方法。比如，从张三出发，走两步到达小梅的方法有两种。结合图7.1我们知道，这两种方法是："张三—李四—小梅"和"张三—秋—小梅"。再比如，从张三出发，走两步到达秋的方法有0个。

表7.5　从图7.1中某个点出发，走两步到达另一个点，有多少种方法

出发	终点					
	张三	李四	小雪	Tom	小梅	秋
张三	2	0	1	0	2	0
李四	0	3	0	2	0	2
小雪	1	0	2	0	2	0
Tom	0	2	0	2	0	1
小梅	2	0	2	0	3	0
秋	0	2	0	1	0	2

那是不是表7.5中凡是写0的位置，都说明两个人不认识呢？不是的，表7.5仅仅说明，从一个人经过两步（也就是一个中间人）到达另一个人的方法有多少种。比如，从张三出发，终点为李四的对应数字为0，并不表示张三和李四不认识，而是表示他们之间没有经过一个中间人到达对方的路径。

现在我们思考：一个人最多经过一个中间人（也就是从一个点出发，最多移动两步），能够认识哪些人呢？

最多两步，我们分成两种情况：移动一步和移动两步。这两种情况，我们前文已经分别分析过了，现在把这两种情况综合起来：利用矩阵算式

$$A + A^2 = \begin{bmatrix} 0 & 1 & 0 & 0 & 0 & 1 \\ 1 & 0 & 1 & 0 & 1 & 0 \\ 0 & 1 & 0 & 1 & 0 & 0 \\ 0 & 0 & 1 & 0 & 1 & 0 \\ 0 & 1 & 0 & 1 & 0 & 1 \\ 1 & 0 & 0 & 0 & 1 & 0 \end{bmatrix} + \begin{bmatrix} 0 & 1 & 0 & 0 & 0 & 1 \\ 1 & 0 & 1 & 0 & 1 & 0 \\ 0 & 1 & 0 & 1 & 0 & 0 \\ 0 & 0 & 1 & 0 & 1 & 0 \\ 0 & 1 & 0 & 1 & 0 & 1 \\ 1 & 0 & 0 & 0 & 1 & 0 \end{bmatrix}^2 = \begin{bmatrix} 2 & 1 & 1 & 0 & 2 & 1 \\ 1 & 3 & 1 & 2 & 1 & 2 \\ 1 & 1 & 2 & 1 & 2 & 0 \\ 0 & 2 & 1 & 2 & 1 & 1 \\ 2 & 1 & 2 & 1 & 3 & 1 \\ 1 & 2 & 0 & 1 & 1 & 2 \end{bmatrix}$$

得到。它表示，从图7.1中某个点出发，最多两步到达另一个点，有多少种方法。我们把这个矩阵还原为表7.6。

表7.6　从图7.1中某个点出发，最多两步到达另一个点，有多少种方法

出发	终点					
	张三	李四	小雪	Tom	小梅	秋
张三	2	1	1	0	2	1
李四	1	3	1	2	1	2
小雪	1	1	2	1	2	0
Tom	0	2	1	2	1	1
小梅	2	1	2	1	3	1
秋	1	2	0	1	1	2

从表7.6中可以发现，从张三出发，最多两步到达Tom的方法是0。这说明，从张三出发，不超过两步，无法到达Tom。

7.2.2　两个人相识，最多需要几个中间人？

进一步观察表7.6，你会发现，这个表格中0的数量非常少，实际上通过一个中间人还无法认识的人是张三和Tom、小雪和秋这两对。那么，他们能不能通过两个中间人（也就是移动三步）认识彼此呢？

首先我们计算矩阵 A 的三次幂 $\begin{bmatrix} 0 & 1 & 0 & 0 & 0 & 1 \\ 1 & 0 & 1 & 0 & 1 & 0 \\ 0 & 1 & 0 & 1 & 0 & 0 \\ 0 & 0 & 1 & 0 & 1 & 0 \\ 0 & 1 & 0 & 1 & 0 & 1 \\ 1 & 0 & 0 & 0 & 1 & 0 \end{bmatrix}^3$，然后进一步计算矩阵加法

$$A + A^2 + A^3 = \begin{bmatrix} 0 & 1 & 0 & 0 & 0 & 1 \\ 1 & 0 & 1 & 0 & 1 & 0 \\ 0 & 1 & 0 & 1 & 0 & 0 \\ 0 & 0 & 1 & 0 & 1 & 0 \\ 0 & 1 & 0 & 1 & 0 & 1 \\ 1 & 0 & 0 & 0 & 1 & 0 \end{bmatrix} + \begin{bmatrix} 0 & 1 & 0 & 0 & 0 & 1 \\ 1 & 0 & 1 & 0 & 1 & 0 \\ 0 & 1 & 0 & 1 & 0 & 0 \\ 0 & 0 & 1 & 0 & 1 & 0 \\ 0 & 1 & 0 & 1 & 0 & 1 \\ 1 & 0 & 0 & 0 & 1 & 0 \end{bmatrix}^2 + \begin{bmatrix} 0 & 1 & 0 & 0 & 0 & 1 \\ 1 & 0 & 1 & 0 & 1 & 0 \\ 0 & 1 & 0 & 1 & 0 & 0 \\ 0 & 0 & 1 & 0 & 1 & 0 \\ 0 & 1 & 0 & 1 & 0 & 1 \\ 1 & 0 & 0 & 0 & 1 & 0 \end{bmatrix}^3$$

就可以得到想要的答案了。我们把计算结果还原成表7.7。

表7.7　从图7.1中某个点出发，最多三步到达另一个点，有多少种方法

出发	终点					
	张三	李四	小雪	Tom	小梅	秋
张三	2	6	1	3	2	5
李四	6	3	6	2	8	2

续表

出发	终点					
	张三	李四	小雪	Tom	小梅	秋
小雪	1	6	2	5	2	3
Tom	3	2	5	2	6	1
小梅	2	8	2	6	3	6
秋	5	2	3	1	6	2

从表7.7中可以发现,从张三到秋,三步以内有5种方法。我们观察图7.1,从张三出发,终点为秋的路径,最多三步的一共有以下5种。

(1)张三—秋。

(2)张三—秋—张三—秋。

(3)张三—李四—小梅—秋。

(4)张三—秋—小梅—秋。

(5)张三—李四—张三—秋。

你也可以任选一个起点和终点,观察图7.1,验证一下表7.7的正确性。

进一步观察表7.7,我们还发现,表7.7中的数值全部都是正整数。这说明,从图7.1中的任意一个点出发,最多三步,就可以到达任何一个点。换句话说,图7.1所表示的社交网络中,任意两个人最多需要两个中间人介绍,就可以彼此相识了。

7.2.3　真实世界——全世界任何两个人相识,只需要六个人

1967年,哈佛大学的心理学教授斯坦利·米尔格兰姆(Stanley Milgram)提出了人类社会的"六度分隔"理论。这个理论认为,世界上任何两个陌生人之间所间隔的人不会超过六个,也就是说,最多通过六个人,这两个人就能够相识。

你相信吗?这个理论意味着,你和非洲原始部落的一个土著人相识,只需要六个人做中间人就可以了。下面我们从数学上论证一下这个结论的正确性。

第一个论证思路是类似于7.2.2小节中的思路。如果我们可以作出这个世界上人与人之间关系的网络,并把它写成矩阵 A,那么我们可以通过矩阵运算 $A + A^2 + \cdots + A^6$ 得到对应的矩阵,如果这个矩阵没有0元素,那就意味着这个理论是正确的。然而,根据全世界有80多亿人口,每个人是网络上的一个点,这个网络就有超过80亿个点。对应到矩阵上,每个点对应一行、一列,因此矩阵 A 就是一个超过80亿行、80亿列的矩阵。并且,要知道一个人的社会关系网络,也需要进行细致的社会调查,因此要得到矩阵 A,是一个巨大的工程。所以,虽然理论上可行,但技术上这个思路需要耗费巨大的时间和人力进行调查。

第二个论证思路就简单多了。经过统计调查,社会学家发现,每个人平均认识260个人。假设两

个人共同的朋友不超过100个人（考虑到全球绝大多数人之间并不直接相识，这个数据已经很大了），那么通过这两个人的介绍，160×160 = 25600个人相互认识。用同样的思路，通过六个人的介绍，160×160×160×160×160×160 ≈ 16.777万亿个人相互认识。而人类社会大约有80亿人口，这个数量是全世界总人口的大约2097倍。因此，全世界的人通过六个人做中间人，一定能够认识彼此。

我们需要思考的是，这个理论是1967年被发现的。那时，距离互联网诞生还有两年。在互联网已经在全球普及的今天，一个人的社交范围早已突破地理位置的限制。世界上两个人相识，需要的中间人应该少于六个人。Facebook曾经在2016年公布了他们基于全球15.6亿注册者的数据作出的研究成果，研究显示，平均需要3.57个人的介绍，任意两个陌生人就可以认识。回到我们在本小节提出的问题，你和非洲原始部落的一个土著人相识，也许不用六个人，只需要两三个人！

7.3 玩"见面分一半"的游戏，能实现"共同富裕"吗？

7.3.1 财富分布不均衡的人类社会

我们都知道，人类世界的财富分布是极度不均衡的。根据巴黎经济学院下属的"世界不平等实验室（World Inequality Lab）"公布的《2022年世界不平等报告》显示，世界上最富有的10%的人拥有全球75%的财富，其中约2750名亿万富翁拥有全球3.5%的财富，而底层50%的人口所占财富为2%。

财富不均衡的现象在资本主义国家尤其显著，并由此带来了非常多的社会问题。著名科幻小说家刘慈欣曾经在短篇小说《赡养人类》中描述了这样一个场面，在外星人即将侵占地球之际，地球上的富人为了自己的利益，不顾一切地向穷人们派发金钱，甚至不惜雇佣杀手杀掉那些不愿意接受财富的穷人。小说中，作者描写了富人们各种各样离奇的财富派发行为。今天我们就来探讨一下，怎样实现小说中富人的目标——如何快速将地球现有的财富平均分配给每一个地球人。

7.3.2 实现财富平均分配的一种方法

现实中，财富的形式非常多样化，比如房产、土地、艺术收藏品、黄金、珠宝、股票、债券……有的财富交易并没有那么容易，因此我们首先需要对这个问题做一些简化。

现在，让我们把人数减少到六个人，用7.1节中的张三、李四等六个人做例子来演示一下。表7.8展示了张三、李四等六个人的初始财富。从表7.8中，你可以看到这六个人的财富分布情况，最富有的张三的财富是最贫穷的Tom的200000倍，可以说这六个人的财富分配是极其不均衡的。而我们也很容易计算出，这六个人的平均财富值为

$$\frac{2000000 + 10000 + 120 + 10 + 1000 + 800}{6} \approx 335321.67(元)$$

表7.8　六个人的初始财富值

姓名	财富值/元
张三	2000000
李四	10000
小雪	120
Tom	10
小梅	1000
秋	800

　　现在,我们为这六个人设计一个"财富见面分一半"的游戏。每次随机选择其中两个人,要求这两个人都把自己财富的一半分给对方。假设第一次游戏选中的是小雪和小梅,那么小雪给小梅60元,小梅给小雪500元,最终两个人的财富值都变成560元。而其他人的财富值并没有变化。因此,此时六个人的财富分布如表7.9所示。

表7.9　一次游戏后六个人的财富分布

姓名	财富值/元
张三	2000000
李四	10000
小雪	560
Tom	10
小梅	560
秋	800

　　如果用列向量表示表7.8和表7.9中的数据,我们可以把这个过程表示为一个矩阵乘法。

$$\begin{bmatrix} 2000000 \\ 10000 \\ 560 \\ 10 \\ 560 \\ 800 \end{bmatrix} = \begin{bmatrix} 1 & 0 & 0 & 0 & 0 & 0 \\ 0 & 1 & 0 & 0 & 0 & 0 \\ 0 & 0 & 0.5 & 0 & 0.5 & 0 \\ 0 & 0 & 0 & 1 & 0 & 0 \\ 0 & 0 & 0.5 & 0 & 0.5 & 0 \\ 0 & 0 & 0 & 0 & 0 & 1 \end{bmatrix} \begin{bmatrix} 2000000 \\ 10000 \\ 120 \\ 10 \\ 1000 \\ 800 \end{bmatrix}$$

　　需要注意的是,经过这样一次游戏,小梅和小雪的财富值发生了变化,这种变化是小梅的一部分财富流向了小雪。因此,六个人的总财富值并没有增加或减少。故六个人的平均财富值没有发生变化,还是约为335321.67元。

那么,经过很多次这样的游戏,你觉得这六个人的财富分布将是怎样的? 我们模拟了 50 次游戏后六个人的财富分布,如表 7.10 所示。

表 7.10 50 次游戏后六个人的财富分布

姓名	财富值/元
张三	33695
李四	33442
小雪	33267
Tom	33399
小梅	33399
秋	33092

从表 7.10 中可以观察出,此时最富有的人的财富仅约为最贫穷的人的 102%,与游戏开始之初的 200000 倍相比,已经基本接近平均了。

不过,请你注意,每次选择的两个人是随机的。因此,可能的游戏结果会有很多个。仅仅一次游戏,从六个人中任选两个人的可能性就有 15 种。如果你的概率论学得不错,你会说,可能性非常多,比如 10 次游戏,可能性就有 15^{10} 种之多。你说的没错,的确有非常非常多的可能性,但我们需要找到这么多的可能性之中的规律。那就是,财富的分配会像表 7.10 所示的结果那样,越来越平均吗?

答案是肯定的。不管游戏的可能性有多少种,利用矩阵理论和概率论,我们可以证明,随着游戏次数不断增加,这六个人中最富有的人和最贫穷的人之间的财富差距一定会越来越小,并且这个差距一定会趋于 0。也就是说,通过这个“财富见面分一半”的游戏,这六个人的财富值一定会越来越接近总财富的平均值——335321.67 元。

虽然我们这里所做的实验仅仅涉及六个人,而短篇小说《赡养人类》中所描述的场景是全人类。但我们可以把这个“财富见面分一半”的游戏拓展到全人类参与的情景上去。

首先我们做如下假设。

(1)全世界只有一种货币。

(2)所有人的财富都以这种货币的形式存在同一家银行。

(3)每个人只有一个银行账户。

(4)两个账户之间转账非常便捷和快速。

在这四个假设下,我们设计一个类似的财富平均游戏:每一次从地球随机选取 2000 万人类,以随机分组的方式,每两个人一组共分为 1000 万组。每个人都把自己财富的一半分配给自己的队友,也就是做到“财富见面分一半”。如此不停地重复下去。

同样的道理,经过很多次的游戏后,无论可能性有多么的多,财富的分布都一定会越来越平均。

7.4 网页搜索的原理是什么?

7.4.1 网页搜索结果是随机排序的吗?

我们几乎每天都要用网页搜索进行信息的查询,你想过搜索结果是按照什么顺序发送给你的吗?

请你做一个小测试:首先,你在百度上搜索"线性代数",保留搜索结果的网页。然后,请你重新打开一个网页,用百度再次搜索"线性代数"。对比两个搜索结果的异同,并思考:这些网页链接的排列顺序是怎么得到的?

会不会是随机排列的? 这很容易验证。如果是随机排列的,那么连续两次搜索结果的排序一定是不一样的。你一定发现了,排除百度公司收费展示的"广告"链接,其余的链接的排列顺序是完全一样的。这说明,网页搜索的排序并不是随机产生的。既然不是随机产生的,那一定是按照某种规律进行排列的。换句话说,网页搜索的链接排序一定存在某种依据。

那到底是怎么排序的呢? 别看只是一个小小的排序问题,提出完美解决方案的两个年轻人,创造了一个互联网的传奇。接下来,我们就从早期的网页搜索算法讲起吧!

7.4.2 早期的网页搜索算法

在互联网发展的早期,人们发现查找和某个关键词相关的网页,与查字典的过程是类似的:如果你要用新华字典查"数"这个字,你可以先找到"数"的拼音首字母"S",然后在"S"的类别下找到音节"shu"所在的页码,再从这个页码开始查阅,找到汉字"数"。

利用查字典的思路,一些公司把网页按照内容的类别分成几大类,每一个大类下面又分了很多小类,最后为网页创建了"索引目录"。当用户需要查找相关信息时,只需要登录这个"索引目录"网站,就可以利用"查字典"的方法,找到相关网页的链接。

但是,随着网页越来越多,这种方法不仅需要大量的人力对网页进行分类,查询的人也很难快速找到需要的网页。这时,网页搜索就进入了文本检索的时代。用户只要输入一个关键词,计算机就会根据这个关键词搜索所有包含这个关键词的网页,然后把这些网页链接展示出来。关键问题是,这些相关网页以什么顺序排列呢?

当时一些计算机专家和互联网科技公司都在思考如何解决这个问题。他们尝试了很多方法,这些方法大部分是将网页中的文字与搜索关键词进行对比,再根据文字内容和关键词的联系密切程度、重要程度,从高到低排列。然而,这些方法的效果都不太理想,原因是一些网站通过刻意提高关键词的出现频率,使自己的网页排名更加靠前。这就使真正有价值的信息不能获得更好的排名。

在这种情况下,人们需要一种更加客观、准确地为相关网页排序的方法。一个比较好的思路是,根据网民对网站的喜好程度为这些网站排序。也就是说,把最受欢迎的网站放在推荐列表的第一位,然后依次是第二受欢迎的网站、第三受欢迎的网站……

可是,要调查统计这个受欢迎程度,看起来是一个不可能完成的任务——这需要统计每一个网民的浏览记录——全世界几百万亿个网页,几十亿网民每天产生数万亿次的点击,仅仅统计这些点击数据就是不可能完成的。我们不去探讨完成这样的任务需要进行哪些计算机方面的设计,仅仅从伦理道德和法律的层面来思考一下:你能接受自己每天访问的网站被一一跟踪记录吗?

7.4.3　因一个算法而诞生的高科技公司

这时,两个二十几岁的年轻人佩奇(Larry Page)和布林(Sergey Brin)站出来了。当时他们还是斯坦福大学的在读研究生,研究生导师给了他们一个网页搜索算法的研究课题。两个人说干就干,在研究了当时流行的主要搜索算法后,他们摒弃了这些搜索算法的思路,提出了一个前所未有的天才想法——把民主表决的思想引入网页排序。他们给这个算法取名"PageRank算法"。很快,搭载了PageRank算法的网页搜索网站在1996年1月上线了。一开始,只有他们二人及几位导师使用这个网站。但很快,他们就发现每天有成千上万的访问量。两个人意识到PageRank算法具有很大的商业价值。于是,他们计划把PageRank算法卖给当时的第一大门户网站——雅虎。但是,雅虎拒绝了他们,其他门户网站也都对他们的技术毫无兴趣。

无奈之下,两个人决定自己干。他们开始为启动资金东奔西走,但由于缺乏成熟的商业计划书,很多风险投资人都拒绝了他们。所幸,母校斯坦福大学的计算机专业教授大卫·切瑞顿(David Cheriton)和他的朋友安迪·贝托谢姆(Andy Bechtolsheim)给了他们第一笔风险投资资金——10万美元。1998年9月,他们的公司在硅谷的一个车库创立了,这家公司只为网民提供一项服务:网页搜索。为了避免其他门户网站借鉴他们的算法,他们还为PageRank算法申请了专利保护。此后这家公司迅速发展壮大,并于2004年在美国纳斯达克上市。如今,大卫·切瑞顿和安迪·贝托谢姆当初投给他们的10万美金收到了上千倍的回报。据2021年福布斯发布的全球富豪榜,大卫·切瑞顿以88亿美元的财富位列榜单第269位,而这家公司的总市值也已经超过了1万亿美元。

这个起步于车库,由两个创始人、一个员工组成的,只提供一项服务的"小微企业",早已成长为科技巨头,它的名字叫作谷歌。谷歌公司其实每天都在为我们的生活提供服务,除苹果公司外的其他智能手机制造商,几乎都使用谷歌公司开发的手机操作系统——安卓系统。所以,如果你的手机不是苹果,每一次你打开手机,都享受着谷歌公司带给你的服务。

用一个浪漫的说法,谷歌公司因PageRank算法而诞生。接下来,我们来看看这个算法的数学模型。

7.4.4　谷歌公司的网页排序新算法——PageRank算法

我们知道,几乎每一个网页上都放置了包含其他网页的访问地址的按钮(我们称这些按钮为超链接),点击这些超链接,你就可以从一个网页跳转到另一个网页。通过这样一个网页链接其他若干个网页的方式,全世界数以万亿计的网页彼此链接,形成了一个巨大的网络——互联网。

佩奇和布林从网页之间通过超链接互联互通的性质出发,把民主表决的思想应用到网页排序中。具体来说,如果网页 A 被网页 B"引用"(也就是放了网页 A 的超链接供人们点击访问网页 A),则说明了以下两点。

(1)网页 A 得到了网页 B 制作者的信任和喜欢,换句话说,网页 B 的制作者投了网页 A 一个"赞成票"。一个网页得到的"赞成票"越多,它被网民访问的可能性就越高(因为总是能看到这个网页的超链接),它的得分也越高。

(2)如果网页 B 本身得分很高,那么网页 B 被网民访问的可能性就越高,这也就间接增加了网页 A 被访问的可能性,从而使网页 A 获得更高的得分。这和在现实世界中,一个人被一个德高望重的人赞扬、推荐,大家更容易信任他,是一个道理。

显然,网页之间的超链接关系对网页的排名至关重要。由于图论和矩阵之间的紧密关系,矩阵乘法在这个算法中扮演了极其重要的角色。

7.4.5 PageRank 算法的数学模型

为了便于展示,我们假设互联网只有 5 个网页,我们把它们命名为 A、B、C、D、E,网页之间的超链接关系我们用图 7.3 表示。其中,带箭头的连线表示从一个网页到另一个网页存在一个超链接,比如从 A 到 D 的箭头就表示网页 A 上有网页 D 的超链接,因此我们可以从网页 A 跳转到网页 D。

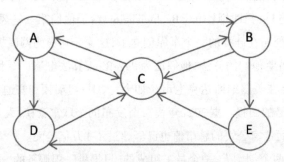

图 7.3 5 个网页之间的超链接关系

为了演示 PageRank 算法的原理,我们在这里假设:一个网民浏览了一个网页后,点击这个网页上的链接,进入下一个网页的概率是 0.9;关闭这个网页,新开一个窗口,浏览下一个网页的概率是 0.1。

现在,我们需要计算"已知某网民浏览的上一个网页是 A,那么他浏览的下一个网页是 B"的概率。要计算这个概率,需要考虑下列两种情况的概率之和。

(1)通过网页 A 的超链接跳转到网页 B。由图 7.3 可知,网页 A 上有网页 B、C、D 的超链接,那么它跳转到下一个网页的概率 0.9 就被均等地分配给网页 B、C、D。所以,通过网页 A 的超链接跳转到网页 B 的概率是 0.9 ÷ 3 = 0.3。

(2)关闭网页 A,新开一个窗口,打开网页 B。由于一共有 5 个网页,这 5 个网页平分"关闭上一个网页,在新窗口中打开下一个网页"的概率 0.1,因此用户关闭网页 A,新开一个窗口,打开网页 B 的概率是 0.1 ÷ 5 = 0.02。

综合上述两种情况,我们得到,"已知某网民浏览的上一个网页是A,那么他浏览的下一个网页是B"的概率是 0.3 + 0.02 = 0.32。

用同样的思路,我们根据图7.3中的超链接关系,可以计算"已知某网民浏览的上一个网页的前提下,他浏览的下一个网页是某网页"的概率,并把计算结果记录在表7.11中。

表7.11　5个网页之间的访问概率

上一个网页	下一个网页				
	A	B	C	D	E
A	0.02	0.32	0.32	0.32	0.02
B	0.02	0.02	0.47	0.02	0.47
C	0.47	0.47	0.02	0.02	0.02
D	0.47	0.02	0.47	0.02	0.02
E	0.02	0.02	0.47	0.47	0.02

表7.11可以用矩阵

$$\begin{bmatrix} 0.02 & 0.32 & 0.32 & 0.32 & 0.02 \\ 0.02 & 0.02 & 0.47 & 0.02 & 0.47 \\ 0.47 & 0.47 & 0.02 & 0.02 & 0.02 \\ 0.47 & 0.02 & 0.47 & 0.02 & 0.02 \\ 0.02 & 0.02 & 0.47 & 0.47 & 0.02 \end{bmatrix}$$

表示,我们把这个矩阵叫作这5个网页之间的转移概率矩阵。

现在,我们假设用户打开浏览器,浏览的第一个网页是A、B、C、D、E的概率是相同的,都等于20%。那么,他浏览的第5个网页是A、B、C、D、E的概率分别是多少呢?他浏览的第100个网页是A、B、C、D、E的概率呢?

利用矩阵理论可以证明,他浏览的第k个网页是A、B、C、D、E的概率可以用矩阵乘法

$$\begin{bmatrix} 20\% & 20\% & 20\% & 20\% & 20\% \end{bmatrix} \begin{bmatrix} 0.02 & 0.32 & 0.32 & 0.32 & 0.02 \\ 0.02 & 0.02 & 0.47 & 0.02 & 0.47 \\ 0.47 & 0.47 & 0.02 & 0.02 & 0.02 \\ 0.47 & 0.02 & 0.47 & 0.02 & 0.02 \\ 0.02 & 0.02 & 0.47 & 0.47 & 0.02 \end{bmatrix}^k$$

计算,计算结果如表7.12所示。

表7.12　用户浏览的第k个网页分别是A、B、C、D、E的概率

k	A	B	C	D	E
1	20.00%	17.00%	35.00%	17.00%	11.00%
2	25.40%	23.75%	28.25%	12.95%	9.65%

续表

k	A	B	C	D	E
5	21.83%	22.19%	30.11%	14.02%	11.84%
10	21.84%	22.12%	30.16%	13.93%	11.96%
50	21.84%	22.12%	30.15%	13.93%	11.95%
100	21.84%	22.12%	30.15%	13.93%	11.95%

观察表7.12,你应该可以得到这样的结论:用户访问网页A、B、C、D、E的概率随着时间的增加,变化越来越小,最后基本不变。

实际上,利用矩阵理论可以证明,当k很大时,这个概率就无限接近一组数。如图7.4所示,我们把这组数就作为网页A、B、C、D、E的得分。按照这个得分,我们得出这5个网页的排序为C > B > A > D > E。这就是谷歌公司的网页排序PageRank算法的基本思想,是不是很简单?

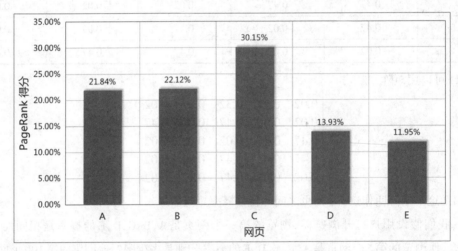

图7.4 网页A、B、C、D、E的得分柱状图

7.4.6 网页的得分和用户打开的第一个网页有关系吗?

你可能觉得,万一用户打开浏览器浏览的第一个网页是A、B、C、D、E的概率是不相等的呢? 比如,浏览器都有一个功能,可以设定打开浏览器的第一个网页地址。假设某用户设定每次打开浏览器,出现的第一个网页总是网页A,也就是他每次上网访问的第一个网页是网页A的概率为100%。那么,这5个网页的排名是不是会随之改变?

我们通过计算来检验一下,假设某用户每次上网访问的第一个网页是网页A的概率为100%,那么他访问的第k个网页是A、B、C、D、E的概率就由矩阵乘法

$$[\,100\%\quad 0\%\quad 0\%\quad 0\%\quad 0\%\,]\begin{bmatrix} 0.02 & 0.32 & 0.32 & 0.32 & 0.02 \\ 0.02 & 0.02 & 0.47 & 0.02 & 0.47 \\ 0.47 & 0.47 & 0.02 & 0.02 & 0.02 \\ 0.47 & 0.02 & 0.47 & 0.02 & 0.02 \\ 0.02 & 0.02 & 0.47 & 0.47 & 0.02 \end{bmatrix}^k$$

来计算,计算结果如表7.13所示。

表7.13　用户浏览的第 k 个网页分别是A、B、C、D、E的概率

k	A	B	C	D	E
1	2.00%	32.00%	32.00%	32.00%	2.00%
2	30.80%	17.00%	32.30%	3.50%	16.40%
5	21.59%	23.16%	29.27%	14.99%	10.98%
10	21.84%	22.10%	30.18%	13.91%	11.98%
20	21.84%	22.12%	30.15%	13.93%	11.95%
50	21.84%	22.12%	30.15%	13.93%	11.95%
100	21.84%	22.12%	30.15%	13.93%	11.95%

比较表7.12和表7.13的最后几行,你会发现,最终5个网页的得分是一样的。

佩奇和布林也想到了这一点,而且他们通过矩阵理论证明,用户访问的第一个网页的概率并不影响排名结果。也就是说,网页的得分和用户打开的第一个网页没有关系,这就进一步保证了排名的客观性。因此,通过人为控制网民打开浏览器所看到的第一个网页,来干预排名是不可能的。

计算网页排名的矩阵乘法公式是两个矩阵的乘积,左边的矩阵是网民打开浏览器访问的第一个网页的概率行矩阵,右边的矩阵是根据这些网页之间的超链接关系得到的转移概率矩阵的 k 次方。既然已经证明,左边的概率行矩阵和网页的最终得分没有关系,那么影响网页最终得分的就只能是右边的矩阵——表示这些网页之间的超链接关系的转移概率矩阵。

7.4.7　网页的得分和超链接关系图密不可分

佩奇和布林证明了,网页的得分完全由网页之间的超链接关系决定。现在,我们观察图7.3,来分析一下这个排名和网页的超链接的关系。在这5个网页中,指向网页C的超链接是最多的,A、B、D、E网页上都有网页C的超链接。而在排名中,网页C的排名也是第一。而在这5个网页中,指向网页E的超链接只有一个,并且这个链接不是来自排名最好的网页C。

分析到这里,你应该更能体会到,网页之间的超链接关系决定了网页的得分。谷歌公司利用这个算法,只需要定期更新所有网页的超链接情况,并重新计算、排序即可。假设一段时间后,网页C上增加一个网页E的超链接,此时超链接关系变为图7.5。

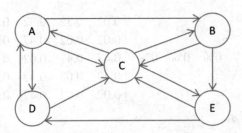

图 7.5　增加从网页 C 到网页 E 的超链接的超链接关系

重新计算 5 个网页之间的访问概率,我们得到表 7.14。这就意味着,用于计算 5 个网页得分情况的矩阵变为

$$\begin{bmatrix} 0.02 & 0.32 & 0.32 & 0.32 & 0.02 \\ 0.02 & 0.02 & 0.47 & 0.02 & 0.47 \\ 0.32 & 0.32 & 0.02 & 0.02 & 0.32 \\ 0.47 & 0.02 & 0.47 & 0.02 & 0.02 \\ 0.02 & 0.02 & 0.47 & 0.47 & 0.02 \end{bmatrix}$$

表 7.14　5 个网页之间新的访问概率

上一个网页	下一个网页				
	A	B	C	D	E
A	0.02	0.32	0.32	0.32	0.02
B	0.02	0.02	0.47	0.02	0.47
C	0.32	0.32	0.02	0.02	0.32
D	0.47	0.02	0.47	0.02	0.02
E	0.02	0.02	0.47	0.47	0.02

此时,我们假设某用户想要上网,他浏览的第一个网页是 A、B、C、D、E 的概率分别是这些网页在图 7.4 中的 PageRank 得分值。比如,他浏览的第一个网页是网页 A 的概率就是 21.84%。这样,新的得分就需要计算矩阵乘法

$$\begin{bmatrix} 21.84\% & 22.12\% & 30.15\% & 13.93\% & 11.95\% \end{bmatrix} \begin{bmatrix} 0.02 & 0.32 & 0.32 & 0.32 & 0.02 \\ 0.02 & 0.02 & 0.47 & 0.02 & 0.47 \\ 0.32 & 0.32 & 0.02 & 0.02 & 0.32 \\ 0.47 & 0.02 & 0.47 & 0.02 & 0.02 \\ 0.02 & 0.02 & 0.47 & 0.47 & 0.02 \end{bmatrix}^k$$

计算结果如表 7.15 所示。

表 7.15　更新超链接关系后,用户浏览的第 k 个网页分别是 A、B、C、D、E 的概率

k	A	B	C	D	E
1	17.31%	17.60%	30.15%	13.93%	21.00%
2	17.31%	16.24%	30.83%	16.64%	18.96%

续表

k	A	B	C	D	E
5	18.32%	16.60%	30.56%	15.82%	18.68%
10	18.30%	16.65%	30.52%	15.88%	18.65%
50	18.30%	16.65%	30.52%	15.88%	18.65%

5个网页的新得分如图7.6所示。按照这个得分，我们得出这5个网页的排序为C > E > A > B > D。

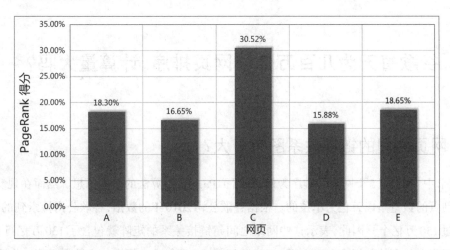

图7.6　更新超链接关系后，5个网页的新得分

我们发现，网页E的排名上升了三位。这是什么原因呢？你一定也分析出来了，这是因为网页C添加了网页E的超链接，从而使网页E被访问的概率增加了。这个改变正验证了我们前文所说的PageRank的核心思想：把民主表决的思想应用到网页排序中。

7.4.8　算法比你还懂你

PageRank算法是谷歌公司的核心竞争力，它的网页搜索算法虽然经过了无数次的优化，但其最基础的数学思想并没有太大变化。

实际上，PageRank算法不仅成就了谷歌公司，而且深层次地改变了互联网。基于PageRank算法的核心思想，警察利用这一算法进行网络诈骗案件的侦破，社交网络平台设计了用户的影响力排名算法。

如果互联网公司掌握了你的上网习惯，会怎么样？实际上，你已经身处这样的世界。你每一次打开淘宝、抖音，看到的商品推荐、视频推荐，都是算法根据你过去的使用记录计算出来的。互联网公司将用户个人习惯与PageRank算法所具有的核心思想相结合，设计出的推荐算法越来越懂你。你可能都没有感觉到，App推荐给你的商品、视频、文章越来越符合你的喜好，但你一定感觉到了，你使用App的时间越来越长。这是因为手机应用比你还懂你，它知道你喜欢什么、爱看什么，它就像一个超级保姆一样照顾着你，只给你推荐你喜欢的、爱看的。

于是，人们看到的、听到的、读到的，都是和自己的三观及认知能力最匹配的内容。人们慢慢地变成了被算法宠坏的熊孩子,变得更加固执、偏激、绝对。持有不同观点的人们之间的交流越来越情绪化,理性的思想碰撞越来越少,带有侮辱和人身攻击的网络暴力却时常发生。总而言之,网络也变得更加混乱、无序。

而这一切,都始于佩奇和布林在1998年发表的论文 *The PageRank Citation Ranking*: *Bringing Order to the Web*。然而讽刺的是,文章题目的后半句的意思是,为网络带来秩序。

 ## 7.5 谷歌每天为几百万亿个网页排序,计算量大吗?

7.5.1 网页之间的链接关系图有多大?

在7.4节中,我们以5个网页的排序为例,介绍了PageRank算法的基本思想。然而在现实世界中,互联网上网页的数量是以万亿为单位的。根据谷歌公司2016年的数据,谷歌公司检索到的网页数量就已经超过130万亿个。因此,表示这些网站之间超链接关系的矩阵就包含了130万亿行、130万亿列。这个矩阵中包含的数据有多少个呢? 130万亿乘130万亿个。假设一个数据需要一个字节,那么这个矩阵的数据容量约为 1.69×10^{12}TB。这是什么概念呢? 目前一台笔记本电脑的硬盘容量大约为1TB,也就是说,装下这个矩阵,需要大约1690亿台笔记本电脑! 而为了计算这些网页的排名,还需要计算这个矩阵的 k 次方。所以,如果不进行数据的简化和压缩,不要说计算量,仅仅是数据的存储量都是不可想象的。

这个困难在佩奇和布林最初开发PageRank算法时就遇到了。在论文 *The PageRank Citation Ranking*: *Bringing Order to the Web* 中,他们计算了3亿多个网页的排序问题。他们是怎么解决这个难题的呢?

7.5.2 网页之间的链接,和人类社会网络很像

类似我们在7.2.3小节中所介绍的人类社会的"六度分隔"理论,网页之间的链接也并不密集和频繁,这就导致矩阵中出现了大量雷同和接近于0的数值,而这个特点为数据的存储和计算带来了极大的便利。

实际上,用来计算得分的转移概率矩阵其实可以分解为两个矩阵 *A* 和 *B* 的和,其中矩阵 *A* 中的每一个元素都相等,矩阵 *B* 表示网页之间的超链接关系图。例如,表7.11所表示的矩阵就可以分解为

$$\begin{bmatrix} 0.02 & 0.32 & 0.32 & 0.32 & 0.02 \\ 0.02 & 0.02 & 0.47 & 0.02 & 0.47 \\ 0.47 & 0.47 & 0.02 & 0.02 & 0.02 \\ 0.47 & 0.02 & 0.47 & 0.02 & 0.02 \\ 0.02 & 0.02 & 0.47 & 0.47 & 0.02 \end{bmatrix} = A + B$$

其中,

$$A = \begin{bmatrix} 0.02 & 0.02 & 0.02 & 0.02 & 0.02 \\ 0.02 & 0.02 & 0.02 & 0.02 & 0.02 \\ 0.02 & 0.02 & 0.02 & 0.02 & 0.02 \\ 0.02 & 0.02 & 0.02 & 0.02 & 0.02 \\ 0.02 & 0.02 & 0.02 & 0.02 & 0.02 \end{bmatrix}, B = \begin{bmatrix} 0 & 0.3 & 0.3 & 0.3 & 0 \\ 0 & 0 & 0.45 & 0 & 0.45 \\ 0.45 & 0.45 & 0 & 0 & 0 \\ 0.45 & 0 & 0.45 & 0 & 0 \\ 0 & 0 & 0.45 & 0.45 & 0 \end{bmatrix}$$

矩阵 A 可以被分解为数 0.02 和矩阵 $\begin{bmatrix} 1 \\ 1 \\ \vdots \\ 1 \end{bmatrix}$,$[\begin{matrix} 1 & 1 & \cdots & 1 \end{matrix}]$ 的乘积:$0.02 \begin{bmatrix} 1 \\ 1 \\ \vdots \\ 1 \end{bmatrix} [\begin{matrix} 1 & 1 & \cdots & 1 \end{matrix}]$,因此

计算机选择将矩阵 A 存储为 $0.02 \begin{bmatrix} 1 \\ 1 \\ \vdots \\ 1 \end{bmatrix} [\begin{matrix} 1 & 1 & \cdots & 1 \end{matrix}]$,显然所需存储空间大大减小。那么,矩阵 B 是

否也可以找到减少存储空间的办法呢? 我们来分析一下。观察发现,当两个网页之间不存在超链接关系时,对应矩阵 B 中的元素为0。因此,我们把矩阵 B 叫作网页之间的超链接关系矩阵。如果我们把矩阵 B 简化为黑白方格图7.7,其中元素为0用白色格子表示,元素非零用黑色格子表示。我们可以看出,其中白色格子的数量比黑色格子多。

虽然网页数量以万亿计,但是一个网页上的超链接数量却并不多。回想一下,你浏览过的网页上,超链接的数量最多不过几百个,这个数量对网页总数量来说是非常非常小的,这就导致网页之间的超链接关系矩阵的大多数位置都是0元素。图7.8所示是5个小型网站的网页之间的超链接关系矩阵所对应的方格图。我们可以看出,每一个黑色密集的正方形区域,其实是一个网站内部的网页之间的连接情况,而孤立散落的黑色小格子是网站与网站之间的超链接。可以看出,白色格子在整个方格图中占有绝对优势。换句话说,矩阵中布满了0元素,只有少数的元素不等于0。

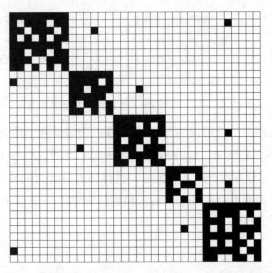

图7.7 用黑白方格图表示矩阵 B 　　图7.8 用黑白方格图表示5个小型网站的网页之间的超链接关系矩阵

我们把这样具有大量0元素的矩阵叫作稀疏矩阵。意思是说,这个矩阵中的非零元素非常少,就像沙漠中的绿树、秃顶的人头上的头发一样稀疏。

我们都知道,数字0乘任何数都是0,任何数加0的和还是这个数。因此,一个矩阵中包含的0元素越多,相关的矩阵加法、矩阵乘法的计算量就越小。针对稀疏矩阵的特点,数学家和计算机科学家设计了相关的算法来减少稀疏矩阵占用的存储空间,并减少稀疏矩阵相关运算的计算量。

7.5.3 面对巨大的计算量,该怎么办?

现实世界的互联网中,网页之间的超链接关系矩阵比图7.8所示的矩阵更加稀疏。因此,佩奇和布林利用了稀疏矩阵的计算技巧,大大地简化了PageRank算法的计算量。

其实,这个计算技巧的思想非常简单,就是小学数学中的"工程问题"所包含的思想——一项工程由多个工程队同时施工,施工时间可以大大缩短。把这个思想用到数据计算上,就是把一个巨量的计算交给多台计算机同时计算,最后再把计算结果汇总,计算时间将大大缩短。

就像把一段公路分解为很多段,分别承包给不同的工程队一样,首先要把大矩阵乘法运算分解为多个小矩阵乘法运算,而施行这种分解的数学基础就是分块矩阵理论。我们在2.5.2小节中介绍过,分块矩阵就是把一个大矩阵像切豆腐块一样切成若干个小矩阵。如图7.9所示,我们首先把每个大矩阵分解为4个小矩阵,然后再根据分块矩阵乘法的运算法则,利用下列计算公式

$$C_{11} = A_{11} \times B_{11} + A_{12} \times B_{21}$$
$$C_{12} = A_{11} \times B_{12} + A_{12} \times B_{22}$$
$$C_{21} = A_{21} \times B_{11} + A_{22} \times B_{21}$$
$$C_{22} = A_{21} \times B_{12} + A_{22} \times B_{22}$$

计算乘积矩阵的每一个分块矩阵。

图 7.9 把两个大矩阵分解为4个小矩阵的分块矩阵乘法

如图7.10所示,我们用8台计算机同时计算上述公式中的8个小矩阵乘法:$A_{11} \times B_{11}$,$A_{12} \times B_{21}$,$A_{11} \times B_{12}$,$A_{12} \times B_{22}$,$A_{21} \times B_{11}$,$A_{22} \times B_{21}$,$A_{21} \times B_{12}$,$A_{22} \times B_{22}$。然后把计算结果传输到第9台计算机上,由第9台计算机进行求和汇总。这样,8台计算机同时计算小矩阵的乘法,计算速度比只有一台计算机计算提高了8倍,加上最后求和汇总的时间,计算两个大矩阵乘法的计算时间大大缩短。

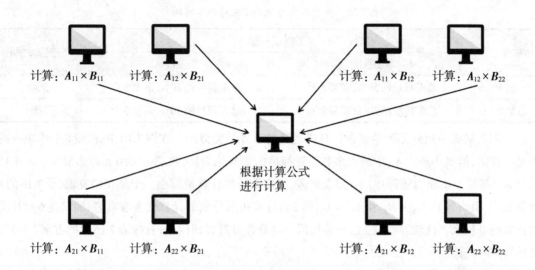

图 7.10　9台计算机合作计算两个大矩阵的乘法

这就是PageRank算法中的矩阵乘法的计算思路——"多个工程队同时施工"。

7.5.4　计算工程分包自动化——MapReduce算法

一开始，分割矩阵、分配计算任务的过程是佩奇和布林手动完成的。随着互联网上网页数量的爆炸式增长，每年新增的网页数量以十亿计，手动进行大矩阵的分割越来越耗费时间。因此，谷歌公司不得不想办法开发新的算法，来解决矩阵分割计算量巨大的问题。

2003年，两位谷歌工程师迪恩（Jeffrey Dean）和格麦瓦特（Sanjay Ghemawat）发明了一种全新的算法，一举解决了PageRank算法所面临的超大矩阵乘法计算问题。

这个算法的总体思路依然沿用了佩奇和布林的"多个工程队同时施工"的思路。但是，它实现了计算机自动拆分大矩阵、自动分配计算任务。这个算法叫作MapReduce算法。其中，迪恩和格麦瓦特把大计算任务拆分成小计算任务，并完成计算的过程叫作Map，把最终求和汇总的过程叫作Reduce。

这个算法的创新性大不大呢？看起来好像没有什么，只不过自动把大矩阵切割成小矩阵，并把小矩阵分配给计算机进行计算，再把结果汇总起来，实际上并没有这么简单。

我们还是以工程队同时干工程为例来分析。如果有一个工程，由甲乙两个工程队分别施工完成，假设两个工程队的施工效率是一样的，每天都能完成工程总量的10%。现在，我们有两种施工方案，如表7.16所示。显然，方案1的任务分配更合理，甲乙两队同时完成任务，因此总体施工时间更短。方案2的任务分配不均衡，乙队工作量太少而甲队工作量太多，导致总体施工时间比方案1慢了两天。

表7.16　两种不同的施工方案的施工时间

方案	工程量分配		总施工时间
	甲工程队	乙工程队	
方案1	总工程量的50%，需要5天	总工程量的50%，需要5天	5天
方案2	总工程量的70%，需要7天	总工程量的30%，需要3天	7天

把矩阵切割成小矩阵分配给多台计算机运算的道理是类似的。在图7.10中，假设8个小矩阵的大小是一样的，但是小矩阵A_{12}中的大多数位置都是0，而其他7个小矩阵中的0元素非常少。由于任何数字乘0都等于0，所以矩阵中的0元素越多，矩阵乘法的计算量越小。于是我们发现，图7.10的8台计算机中，负责计算$A_{12} \times B_{21}$和$A_{12} \times B_{22}$的2台计算机所分到的计算任务非常轻，而其他6台计算机的计算任务较大。这就导致这2台计算机因为计算任务过轻而闲置，就像表7.16中的方案2一样，使总计算时间延长。

MapReduce算法的核心思路，就是根据矩阵的特点，设计合理的任务分配方案，尽可能使每一台计算机都得到相近计算量的任务，从而避免有的计算机忙不过来，而有的计算机却闲置的情况发生。因此，它大大地提高了计算速度。

第 8 章

田忌赛马:博弈论中的矩阵

"田忌赛马"是中国历史上著名的以弱胜强的故事。这个故事展现了中国古人所具有的博弈思想。本章我们将为大家介绍一些简单的博弈论知识,以及矩阵在博弈论中所发挥的重要作用。

8.1 田忌赛马与博弈论

8.1.1 田忌赛马的故事

"田忌赛马"说的是战国时期,军事家孙膑帮助齐国的大将田忌在赛马比赛中赢了齐国国君齐威王的故事。这个故事最初出现在司马迁所著《史记》的《孙子吴起列传》中,故事是这样的:

孙膑和同学庞涓自幼一起学习兵法。后来,庞涓因为嫉妒孙膑的才能,陷害孙膑受膑刑而双腿残疾。幸好,孙膑在齐国使者的帮助下投奔齐国大将田忌。

田忌喜欢赛马,却常常输掉比赛。孙膑发现,这些赛马可分为上、中、下三等,同等马比赛,输赢并不好判断,但不同等次的马比赛,肯定是高等次的马胜出。于是,他和田忌说:"下次赛马,我有办法帮您赢得比赛。"

很快,赛马的日子到了。这次,田忌的对手是齐国国君齐威王。孙膑建议田忌以重金下注,他有办法赢。田忌有些怀疑地说:"同样等次的马,齐威王的都比我的马好一些。以我的上马对齐王的上马、中马对中马、下马对下马,我每一场都必输。先生有何妙计呢?"

孙膑说:"如果我们用您的下等马与齐王的上等马比赛,再用您的上等马与齐王的中等马比赛,最后用您的中等马与齐王的下等马比赛。三局中您赢两局,最终是您获胜。"田忌听后大喜,放心地加大赌注,最后真的赢得了比赛。

这件事之后,田忌非常钦佩孙膑的才华,把他介绍给齐威王。齐威王也非常欣赏孙膑的才华,于是拜他为国师。

田忌赛马是中国历史上著名的以弱胜强的故事。现在,让我们用博弈论的思想来分析一下这个故事。

8.1.2 用矩阵表示赛马结果

在这个故事中,有两个参与比赛的人——田忌和齐威王,每个人都有上等、中等、下等三匹赛马。我们可以把一场比赛中田忌可能遇到的情况用表8.1来表示。其中,"-1"表示田忌输了这局,"1"表示田忌赢了这局。表8.1也可以写成一个由-1和1组成的方阵 $\begin{bmatrix} -1 & -1 & -1 \\ 1 & -1 & -1 \\ 1 & 1 & -1 \end{bmatrix}$。我们把这个矩阵叫作田忌的"收益矩阵",所谓收益,就是在博弈中所能获得的好处。如果收益为负数,说明在这个博弈中不但没有获得好处,还损失了一些利益。

表8.1　一场比赛中田忌可能遇到的9种情况

齐王	田忌		
	上等马	中等马	下等马
上等马	−1	−1	−1
中等马	1	−1	−1
下等马	1	1	−1

表8.1中有三个"1"，说明9个可能的结果中，田忌赢的结果占到其中的3个，也就是说，田忌赢得比赛的可能性并不大。但是，在孙膑的安排下，田忌赢了两局，从而赢得了比赛。

类似地，我们也可以用格式与表8.1相同的表8.2来表示一场比赛中齐王可能遇到的情况。

表8.2　一场比赛中齐王可能遇到的9种情况

齐王	田忌		
	上等马	中等马	下等马
上等马	1	1	1
中等马	−1	1	1
下等马	−1	−1	1

我们把表8.2写成方阵 $\begin{bmatrix} 1 & 1 & 1 \\ -1 & 1 & 1 \\ -1 & -1 & 1 \end{bmatrix}$，并把它叫作齐王的"收益矩阵"。

田忌和齐王的赛马游戏在现代被称为一个博弈游戏，研究这样的博弈游戏的学科被称为博弈论，很多博弈论的研究都需要用到矩阵理论。接下来，我们就利用矩阵的知识，从博弈论的角度对"田忌赛马"这个古老的故事进行简单的分析。

你应该发现了，田忌的收益矩阵和齐王的收益矩阵互为相反矩阵，也就是说，$\begin{bmatrix} -1 & -1 & -1 \\ 1 & -1 & -1 \\ 1 & 1 & -1 \end{bmatrix}$ +

$\begin{bmatrix} 1 & 1 & 1 \\ -1 & 1 & 1 \\ -1 & -1 & 1 \end{bmatrix} = \mathbf{0}_{3 \times 3}$。像这样博弈双方的收益矩阵加起来是零矩阵的博弈，我们称为零和博弈。

在零和博弈中，一方的收益和另一方的收益互为相反数，因此加起来是等于0的。比如，赛马比赛，胜出的一方所赢得的钱数等于输了的一方所输掉的钱数。这样的比赛不能创造社会价值，仅仅使社会价值从一方的手中转移到另一方的手中。那么，你可能会产生以下两个问题。

(1)有没有双方都受损或受益(也就是常说的"双输"或"双赢")的博弈?

(2)这个世界上哪里的零和博弈最多?

第一个问题的答案是有，并且还不少。第二个问题的答案是赌场。

在后面的小节中，我们会分别介绍一个"双输"的博弈和一个"双赢"的博弈;也会利用矩阵理论分析论证，沉迷于赌博的人一定会输得倾家荡产。接下来，我们先了解一下现代博弈论的发展历史吧!

8.1.3 博弈论的发展历史

"博弈"这个中文词汇的本意是下棋,"博弈论"英文叫作 Game Theory,直译过来就是"游戏理论"。在人类社会发展之初,伴随着游戏的发明,博弈的思想就已经在人们的头脑中萌芽。田忌赛马就是古代人类运用博弈论思想决策的典范。

近代博弈论是指,游戏参与者以最大化自身利益为目的而进行的策略预测、收益分析、规则设计等涉及博弈过程各方面的研究。对它的研究可以追溯到18世纪数学家对于棋局或赌博游戏的策略研究、经济学家对于市场中有竞争关系的企业的策略研究。

1944年,数学家冯·诺依曼(Von Neumann)和经济学家奥斯卡·摩根斯特恩(Oskar Morgenstern)合著《博弈论与经济行为》一书,标志着现代博弈论的初步建立。这本书不仅从数学的角度对零和博弈进行了深入的分析,将二人博弈模型推广为多人博弈模型,而且探讨了博弈论在经济学中的应用。此后,数学家约翰·纳什(John Nash)通过一系列开创性的论文奠定了博弈论的基本研究思路,并提出了纳什均衡的概念。这一概念对博弈论和经济学的研究产生了重大影响。

此后,对博弈论的研究越来越深入。1994年,诺贝尔经济学奖授予了包括约翰·纳什在内的三位数学家,以表彰他们在非合作博弈的均衡分析理论方面作出的开创性贡献和相关理论成果对经济学研究产生的重大影响。此后,不断有数学家、经济学家因博弈论的研究而获得诺贝尔经济学奖。

现在,博弈论已经成为经济学的标准分析工具,并在金融学、生物学、军事战略、计算机科学、国际关系与政治学等学科有广泛的应用。而人们也越来越多地利用博弈思想看待生活中的问题。

 ## 8.2 如果齐王也懂博弈论

在8.1.2小节中,我们利用两个矩阵分别表示了一场比赛中,田忌和齐王可能会面对的各种可能性。但根据田忌赛马的故事,我们知道一场比赛一共有三局。那么,如果齐王懂得现代博弈论,他应该怎么应对这场赛马比赛呢?

8.2.1 一场赛马比赛的所有可能结果有哪些?

按照田忌赛马的比赛规则,孙膑为田忌设计的比赛策略是第一场比赛下等马出场,第二场比赛上等马出场,第三场比赛中等马出场。你想过吗,如果齐王也懂博弈论,他应该在比赛之前分析一下,他自己和田忌的所有可能应对策略及相应的比赛结果。这样,田忌还能赢吗?

为了更好地分析,我们首先用数字1、2、3分别表示上等马、中等马和下等马。然后用向量

[第一场比赛的马的等次　第二场比赛的马的等次　第三场比赛的马的等次]

表示齐王和田忌的比赛策略。这样，齐王和田忌都有下面6个策略：

$$[1\quad 2\quad 3],[1\quad 3\quad 2],[2\quad 1\quad 3],[2\quad 3\quad 1],[3\quad 1\quad 2],[3\quad 2\quad 1]$$

因此，一场（三局）比赛的可能结果有$6 \times 6 = 36$个。接下来，我们仿照8.1.2小节中的方法，利用表8.3分析田忌和齐王在一场比赛中的所有可能性。我们用"齐王赢的局数：田忌赢的局数"来表示比赛的每一个可能结果。

表8.3　一场比赛（三局）的36种可能情况

齐王的策略	田忌的策略					
	[1　2　3]	[1　3　2]	[2　1　3]	[2　3　1]	[3　1　2]	[3　2　1]
[1　2　3]	3:0 齐王赢	2:1 齐王赢	2:1 齐王赢	2:1 齐王赢	1:2 田忌赢	2:1 齐王赢
[1　3　2]	2:1 齐王赢	3:0 齐王赢	2:1 齐王赢	2:1 齐王赢	2:1 齐王赢	1:2 田忌赢
[2　1　3]	2:1 齐王赢	1:2 田忌赢	3:0 齐王赢	2:1 齐王赢	2:1 齐王赢	2:1 齐王赢
[2　3　1]	1:2 田忌赢	2:1 齐王赢	2:1 齐王赢	3:0 齐王赢	2:1 齐王赢	2:1 齐王赢
[3　1　2]	2:1 齐王赢	2:1 齐王赢	2:1 齐王赢	1:2 田忌赢	3:0 齐王赢	2:1 齐王赢
[3　2　1]	2:1 齐王赢	2:1 齐王赢	1:2 田忌赢	2:1 齐王赢	2:1 齐王赢	3:0 齐王赢

从表8.3显示的36个可能结果看，有30个结果是齐王赢，只有6个结果是田忌赢。如果每一个结果出现的可能性是相同的，那么齐王赢的可能性是$\frac{5}{6}$，而田忌赢的可能性只有$\frac{1}{6}$。现在，你应该更加直观地感受到，这一场比赛的确是以弱胜强的胜利，也就更加佩服孙膑的聪明才智。

按照《史记》中的记载，田忌下的赌注是"千金"，也就是说，赢得比赛的收益可以用1000表示，输了比赛的收益可以用-1000表示。据此，我们可以写出田忌的可能收益，如表8.4所示。

表8.4　一场比赛（三局）中田忌的所有可能收益

齐王的策略	田忌的策略					
	[1　2　3]	[1　3　2]	[2　1　3]	[2　3　1]	[3　1　2]	[3　2　1]
[1　2　3]	−1000	−1000	−1000	−1000	1000	−1000
[1　3　2]	−1000	−1000	−1000	−1000	−1000	1000
[2　1　3]	−1000	1000	−1000	−1000	−1000	−1000
[2　3　1]	1000	−1000	−1000	−1000	−1000	−1000
[3　1　2]	−1000	−1000	−1000	1000	−1000	−1000
[3　2　1]	−1000	−1000	1000	−1000	−1000	−1000

把表8.4用矩阵表示,我们就得到田忌的收益矩阵为

$$A = \begin{bmatrix} -1000 & -1000 & -1000 & -1000 & 1000 & -1000 \\ -1000 & -1000 & -1000 & -1000 & -1000 & 1000 \\ -1000 & 1000 & -1000 & -1000 & -1000 & -1000 \\ 1000 & -1000 & -1000 & -1000 & -1000 & -1000 \\ -1000 & -1000 & -1000 & 1000 & -1000 & -1000 \\ -1000 & -1000 & 1000 & -1000 & -1000 & -1000 \end{bmatrix}$$

用同样的方法,我们可以写出齐王的可能收益,如表8.5所示。

表8.5　一场比赛(三局)中齐王的所有可能收益

齐王的策略	田忌的策略					
	[1　2　3]	[1　3　2]	[2　1　3]	[2　3　1]	[3　1　2]	[3　2　1]
[1　2　3]	1000	1000	1000	1000	−1000	1000
[1　3　2]	1000	1000	1000	1000	1000	−1000
[2　1　3]	1000	−1000	1000	1000	1000	1000
[2　3　1]	−1000	1000	1000	1000	1000	1000
[3　1　2]	1000	1000	1000	−1000	1000	1000
[3　2　1]	1000	1000	−1000	1000	1000	1000

把表8.5用矩阵表示,我们就得到齐王的收益矩阵为

$$B = \begin{bmatrix} 1000 & 1000 & 1000 & 1000 & -1000 & 1000 \\ 1000 & 1000 & 1000 & 1000 & 1000 & -1000 \\ 1000 & -1000 & 1000 & 1000 & 1000 & 1000 \\ -1000 & 1000 & 1000 & 1000 & 1000 & 1000 \\ 1000 & 1000 & 1000 & -1000 & 1000 & 1000 \\ 1000 & 1000 & -1000 & 1000 & 1000 & 1000 \end{bmatrix}$$

8.2.2　下一次赛马,田忌还能继续赢吗?

现在,我们已经帮齐王分析了整个比赛的所有可能性。请你思考一下,假如你是齐王,会怎样安排比赛策略呢?让我们来深入观察表8.3。

对田忌来说,不管齐王选择哪一种马匹的比赛顺序,他都有一个最佳应对策略。假如齐王选择"上等马➔中等马➔下等马"的比赛顺序,也就是策略[1　2　3],那么田忌的最佳应对策略是[3　1　2],也就是按照"下等马➔上等马➔中等马"的比赛顺序进行赛马。

而对齐王来说,不管田忌选择哪一种比赛顺序比赛,他都有一个最差应对策略,只要避开这个最差应对策略,他就能取得比赛的胜利。比如,假如田忌的策略是[1　2　3],也就是说,田忌的赛马顺序是"上等马➔中等马➔下等马",那么齐王只要避开策略[2　3　1],也就是说,不要按照"中等马➔下等马➔上等马"的顺序比赛,他就一定能赢田忌。

从上面的分析我们发现，如果能提前知道或预测对手的策略，就能够采取最有利于自己的策略。因此，下一次赛马时，齐王一定不会让田忌轻易猜测到自己的策略，而田忌也会对自己的策略守口如瓶。那么，在这种情况下，谁能赢得比赛呢？

如果每一场比赛中双方同时派出自己的赛马，并且不存在其中一方的策略已经被另一方提前预知的情况，那么更容易赢得比赛的显然是齐王。因为根据我们前面的分析，假如双方都以均等的可能性选择各自的策略，那么齐王赢的概率是 $\frac{5}{6}$，而田忌赢的概率只有 $\frac{1}{6}$。

在博弈中，如果能提前知道或预测对手的策略，就能够采取最有利于自己的策略。因此，己方的策略一定要严格保密，同时可以散布一些虚假的消息诱导对手作出己方想要的策略。这就是中国古代兵法中讲的"兵不厌诈""知己知彼，百战百胜"的思想。

8.2.3　用矩阵表示博弈双方的收益

一个博弈由三个要素构成：参与者、参与者的所有策略、参与者的收益。从田忌赛马的故事中，我们已经知道以下信息。

（1）博弈参与者至少有两个。有两个参与者的博弈称为二人博弈，比如田忌赛马、象棋、围棋都是二人博弈。超过两个参与者的博弈称为多人博弈。

（2）每一个参与者可选择的策略不止一个。田忌赛马的故事中，一场比赛中双方都有6个策略可供选择。在最简单的博弈中，博弈有两个参与者，每个参与者有两个可选择的策略。而在复杂的博弈中，参与者的数量多于3个，参与者可选择的策略数量也非常多甚至可能有无限个。如果一个博弈的每个参与者可选择的策略数量是有限多个，我们把这个博弈称为有限策略博弈。

（3）参与者的收益由所有参与者决策共同决定。田忌赛马的比赛中，孙膑之所以能够帮助田忌赢得比赛，是因为他准确地预判了齐王的策略，并以此为基础选择了对田忌最有利的策略。也就是说，田忌赢得比赛，其实是齐王的选择和孙膑的选择共同决定了比赛结果。假如齐王随机选择自己的策略，使孙膑无法预判齐王的策略，那么孙膑也就无法稳操胜券了。

（4）对于有限策略的二人博弈，每个参与者的收益，可以用一个矩阵清楚地表达出来。

首先，我们把两个参与者称为甲和乙。假设甲有 N 个策略，乙有 M 个策略。我们用"甲策略1"，"甲策略2"，$\cdots$，"甲策略 N"表示甲的 N 个策略，用"乙策略1"，"乙策略2"，$\cdots$，"乙策略 M"表示乙的 M 个策略。当甲选择"甲策略 i"，乙选择"乙策略 j"时，我们说这二人的决策形成了一个策略对"（甲策略 i，乙策略 j）"。

由于甲和乙的决策共同决定了甲和乙的收益，我们用表8.6来表示甲乙二人的收益。其中，第一列表示甲的所有策略，第一行表示乙的所有策略。表格的中间表示甲乙二人在不同的策略下对应的收益情况。策略对"（甲策略 i，乙策略 j）"下，甲的收益为"甲收益 $_{ij}$"，乙的收益为"乙收益 $_{ij}$"。比如，当甲选择"甲策略1"，乙选择"乙策略2"时，策略对"（甲策略1，乙策略2）"甲的收益为"甲收益 $_{12}$"，乙的收益为"乙收益 $_{12}$"。

表8.6 甲乙二人参与的有限策略博弈的收益

甲的策略	乙的策略			
	乙策略1	乙策略2	...	乙策略M
甲策略1	甲选择甲策略1,乙选择乙策略1的情况下,双方的收益:(甲收益$_{11}$,乙收益$_{11}$)	甲选择甲策略1,乙选择乙策略2的情况下,双方的收益:(甲收益$_{12}$,乙收益$_{12}$)	...	甲选择甲策略1,乙选择乙策略M的情况下,双方的收益:(甲收益$_{1M}$,乙收益$_{1M}$)
甲策略2	甲选择甲策略2,乙选择乙策略1的情况下,双方的收益:(甲收益$_{21}$,乙收益$_{21}$)	甲选择甲策略2,乙选择乙策略2的情况下,双方的收益:(甲收益$_{22}$,乙收益$_{22}$)	...	甲选择甲策略2,乙选择乙策略M的情况下,双方的收益:(甲收益$_{2M}$,乙收益$_{2M}$)
...	...	...	...	...
甲策略N	甲选择甲策略N,乙选择乙策略1的情况下,双方的收益:(甲收益$_{N1}$,乙收益$_{N1}$)	甲选择甲策略N,乙选择乙策略2的情况下,双方的收益:(甲收益$_{N2}$,乙收益$_{N2}$)	...	甲选择甲策略N,乙选择乙策略M的情况下,双方的收益:(甲收益$_{NM}$,乙收益$_{NM}$)

接下来,我们把表8.6中甲乙二人的收益按照表中的顺序写出来,就得到了甲的收益矩阵

$$\begin{bmatrix} 甲收益_{11} & 甲收益_{12} & \cdots & 甲收益_{1M} \\ 甲收益_{21} & 甲收益_{22} & \cdots & 甲收益_{2M} \\ \vdots & \vdots & \ddots & \vdots \\ 甲收益_{N1} & 甲收益_{N2} & \cdots & 甲收益_{NM} \end{bmatrix}$$

和乙的收益矩阵

$$\begin{bmatrix} 乙收益_{11} & 乙收益_{12} & \cdots & 乙收益_{1M} \\ 乙收益_{21} & 乙收益_{22} & \cdots & 乙收益_{2M} \\ \vdots & \vdots & \ddots & \vdots \\ 乙收益_{N1} & 乙收益_{N2} & \cdots & 乙收益_{NM} \end{bmatrix}$$

8.2.4 最佳策略与纳什均衡

有了收益矩阵,分析就简单多了。

比如,在甲的策略为"甲策略2"的前提下,乙应该作出的最佳决策应该是什么呢?我们知道,在甲的策略为"甲策略2"的前提下,乙的所有可能收益都已经列在了乙的收益矩阵的第二行中,那么为了最大化乙的收益,我们只要找乙的收益矩阵第二行中最大的那一个元素对应的那一列的序号,就是乙的最佳策略的序号了。

再比如,在乙的策略为"乙策略2"的前提下,甲应该作出的最佳决策应该是什么呢?类似地,在乙的策略为"乙策略2"的前提下,甲的所有可能收益都已经列在了甲的收益矩阵的第二列中,那么为了最大化甲的收益,我们只要找甲的收益矩阵第二列中最大的那一个元素对应的那一行的序号,就是甲的最佳策略的序号了。

从上面两个问题中我们会发现，博弈论中提到的最佳策略，是指已知对手选择某个策略的前提下，参与者所作出的最佳应对。因此，又把最佳策略称为最佳响应策略。

并且，我们还可以进一步给出纳什均衡的定义。纯策略纳什均衡指的是，在对手的策略不改变的前提条件下，博弈的双方都不能通过改变自己的策略而获得更大的收益。换句话说，如果策略对"(甲策略i，乙策略j)"是纳什均衡策略对，那么"甲策略i"是在已知乙选择"乙策略j"的前提下，甲的最佳策略；同时"乙策略j"是在已知甲选择"甲策略i"的前提下，乙的最佳策略。

从矩阵的角度来理解纳什均衡，当策略对"(甲策略i，乙策略j)"是纳什均衡时，相应的甲的收益"甲收益$_{ij}$"就是甲收益矩阵中第j列元素中的最大值，而乙的收益"乙收益$_{ij}$"就是乙收益矩阵中第i行元素中的最大值。

举例来说，如果甲乙两个参与者各有两个策略"合作"和"背叛"，对应的收益如表8.7所示。

表8.7　甲乙二人的收益

甲的策略	乙的策略	
	合作	背叛
合作	($\underline{4}$, 3)	($\underline{2}$, 1)
背叛	($\underline{2}$, 1)	($\underline{0}$, 0)

我们把表8.7中每个括号中逗号前面的带下划线的数字写出来，就得到甲的收益矩阵为$\begin{bmatrix} 4 & 2 \\ 2 & 0 \end{bmatrix}$；把每个括号中逗号后面的数字写出来，就得到乙的收益矩阵为$\begin{bmatrix} 3 & 1 \\ 1 & 0 \end{bmatrix}$。

接下来，让我们来验证一下，这个博弈存在纳什均衡——甲乙双方都选择策略"合作"。策略对"(合作，合作)"对应的甲、乙的收益为其收益矩阵的第一行第一列的元素。对于甲来说，其收益矩阵$\begin{bmatrix} 4 & 2 \\ 2 & 0 \end{bmatrix}$的第一行第一列元素4是第一列元素中最大的；对于乙来说，其收益矩阵$\begin{bmatrix} 3 & 1 \\ 1 & 0 \end{bmatrix}$的第一行第一列元素3是第一行元素中最大的。因此，策略对"(合作，合作)"是一个纳什均衡策略对。

在接下来的8.3节和8.4节，将为大家介绍两个著名的博弈模型——一个"双输"的"囚徒博弈"模型和一个"双赢"的"雪堆博弈"模型。这两个模型的共同点如下。

（1）都不是零和博弈。

（2）参与者有两个人，并且每个参与者都只有两个策略——"合作"和"背叛"。

可以说，两个参与者，每个参与者有两个策略的博弈是博弈中最简单的情况了，不过即使是最简单的博弈模型，我们也能体会到博弈论的有趣和与现实世界的密切联系。

8.3 一个"双输"的博弈——囚徒博弈

8.3.1 什么是囚徒博弈?

囚徒博弈模型最初是数学家艾伯特·塔克(Albert Tucker)提出的。这个博弈来源于下面这样一个故事。

两个合伙盗窃的犯罪嫌疑人被警方抓获并进行隔离审讯。由于证据不充分,这两个人将面临下面三种情况。

(1)如果两个人选择彼此合作,保持沉默拒不交代,则双方各判刑1年。

(2)如果一个人选择背叛对方向警方招供,而另一个人依然选择合作,保持沉默拒不交代,则选择背叛的犯罪嫌疑人因为立功表现无罪释放,拒不交代的犯罪嫌疑人则被判刑10年。

(3)如果两个人都选择背叛对方向警方招供,则证据确凿,两个人都被判刑8年。

在这个博弈中,参与博弈的两个犯罪嫌疑人,我们依然叫作甲和乙,每个人有以下两个策略:第一,选择和另一个犯罪嫌疑人合作,保持沉默;第二,选择背叛另一个犯罪嫌疑人,向警方招供。

表8.8列举了甲乙二人的策略和他们的收益。因为判刑是一种惩罚,我们用负数表示,比如判刑8年用-8表示。

表8.8 甲乙二人的收益

甲的策略	乙的策略	
	合作(沉默)	背叛(招供)
合作(沉默)	($\underline{-1}$, -1)	($\underline{-10}$, 0)
背叛(招供)	($\underline{0}$, -10)	($\underline{-8}$, -8)

我们把表8.8中每个括号中逗号前面的带下划线的数字写出来,就得到甲的收益矩阵为 $\begin{bmatrix} -1 & -10 \\ 0 & -8 \end{bmatrix}$;把每个括号中逗号后面的数字写出来,就得到乙的收益矩阵为 $\begin{bmatrix} -1 & 0 \\ -10 & -8 \end{bmatrix}$。然后,把这两个人的收益矩阵加起来,得到两个人的总收益为

$$\begin{bmatrix} -1 & -10 \\ 0 & -8 \end{bmatrix} + \begin{bmatrix} -1 & 0 \\ -10 & -8 \end{bmatrix} = \begin{bmatrix} -2 & -10 \\ -10 & -16 \end{bmatrix}$$

这说明,这个博弈不是一个零和博弈。

8.3.2 囚徒困境——为了避免最坏的结局,错过了更好的结局

接下来,我们来分析一下,假如这两名犯罪嫌疑人都是理性的人,以尽可能使自己少判刑为目标,

他们将会如何选择。

对于甲来说,假如乙选择合作,那么他的最佳策略是选择背叛,因为这样他将被无罪释放;而假如乙选择背叛,那么他的最佳策略依然是选择背叛,否则他将被判更重的刑期——10年。所以,无论乙如何选择,甲都会选择背叛。而对于乙来说,情况是类似的,也就是说,无论甲如何选择,乙都会选择背叛。因此,双方的决策决定了他们的结局是都被判刑8年。

甲乙的选择构成了一个策略对——(背叛,背叛),让我们从纳什均衡的角度分析一下这个策略对。你会发现,不管是甲还是乙,都无法在对方不改变策略的前提下提高自己的收益。也就是说,这个策略对是纯策略纳什均衡的。

现在让我们重新观察表8.8。实际上,甲乙的结局本来可以比各坐8年牢更好,假如两个人都选择合作,那么两个人都只需坐一年牢。但是,这个结局注定无法实现。因为两个人是被隔离审讯的,所以无法知道对方将会选择合作还是背叛。在这种情况下,如果选择合作,一旦对方背叛,那自己就会落入最差的情况——坐牢10年。因此,无论甲乙,为了避免最糟糕的情况发生,他们都会选择背叛,而这个选择会导致他们都坐牢8年。

如果我们把两个人判刑的总数加起来看,两个人都选择合作,共判刑两年;一个人选择合作,另一个人选择背叛,共判刑10年;两个人都选择背叛,共判刑16年。无疑,两个人都选择合作,无论对谁都比目前的结果要好得多。但是,这个结果注定无法实现。

在囚徒博弈中,为了避免陷入最差的结局,博弈双方都作出了背叛对方的选择,而这个选择最终却导致更好的结果被错过,我们把这种情况叫作囚徒困境。

8.3.3 现实中的囚徒困境

囚徒困境普遍存在于现实世界中。比如,某类产品的市场被两个生产厂家A、B垄断。假设这两家企业进行了谈判,形成一个价格保持一致的联盟协议,协议要求谁也不能主动降价吸引客户。假设企业A的市场占有率比企业B要多一些,这个博弈中,双方的收益是联盟协议签订后,双方所做的决策引起的销售利润的变化量。接下来,可能发生下面四种情况。

(1)两家都不降价。那么,双方的销售利润将保持不变。因此,企业A、B的收益就可以用0表示。

(2)企业A背叛联盟协议首先降价,企业B没有降价。那么,A因为降价而抢夺了B的一部分市场,从而使销量增加,虽然降价但总营收保持不变甚至略有增加,所以A获得的收益为3;而B选择不降价,因此销量大幅降低,导致利润也相应地降低,我们用-8表示B的收益。

(3)企业B背叛联盟协议首先降价,企业A没有降价。那么,B因为降价而抢夺了A的一部分市场,从而使销量大幅增加,相应地增加了利润,所以B获得的收益为5;而A选择不降价,因此销量大幅降低,导致利润也相应地大幅降低,我们用-10表示A的收益。

(4)两家同时背叛联盟协议选择降价。此时,双方的用户数量基本不变,然而由于降价导致两家的营收都降低了,我们用-8表示A的收益,用-6表示B的收益。

请你结合上面的描述,填写表8.9,其中企业A的收益写在逗号前面,企业B的收益写在逗号后面。

表8.9 A、B两企业的收益

A企业的策略	B企业的策略	
	合作(不降价)	背叛(降价)
合作(不降价)	(,)	(,)
背叛(降价)	(,)	(,)

请你把表8.9中每个括号中逗号前面的数字写成矩阵形式,得到企业A的收益矩阵$\begin{bmatrix} & \end{bmatrix}$;把每个括号中逗号后面的数字写成矩阵形式,得到企业B的收益矩阵$\begin{bmatrix} & \end{bmatrix}$。然后,请你利用类似的分析思路,分析一下在这个案例中,企业A和企业B将如何决策?

如果你的分析正确,你就会发现这也是一个囚徒博弈,存在囚徒困境。也就是说,两家企业都会选择降价。经济学家经过简单的分析发现,双方会一直打价格战,直到任何一家企业都不存在超额利润时才停止,甚至如果一家企业有雄厚的资金储备,价格战还会继续下去,直到其中一家企业因为破产而退出市场。这时,留下来的企业拥有了对市场的绝对垄断,然后它就可以随意涨价了。

请你思考一下,现实中这样的例子是不是非常多?并且结果往往是一家企业破产离场,或者两家企业合并为一个垄断企业。

无论是本书中的分析,还是现实中的案例,都说明:价格战初期,消费者是受益的。因为双方企业降价,消费者将会以更加便宜的价格购买产品。然而,一旦企业间持续进行恶意的、不计生产成本的价格战,最终必定有一方败下阵来,退出市场。此时,留下来的企业没有了竞争对手,获得了垄断地位。于是,这家企业也就获得了产品的定价权和由此而带来的超额利润。消费者则只能接受更高的价格,要么因为价格增加而减少购买,要么为了保持消费数量而增加消费金额。而对于垄断企业来说,通过垄断市场就可以轻松获得超额利润,没有竞争者就没有了产品创新和提升服务的动力。长远来看,因为失去创新意识和创新能力,产品和服务一成不变。如果此时有一家新兴企业带来具有革命性的产品,消费者可能会选择果断抛弃垄断企业提供的老产品,从而导致这家垄断企业一蹶不振。所以,长远来看,企业间的恶意价格战对经济运行和消费者利益都是没有好处的。

8.3.4 囚徒困境可以改变吗?

我们现在已经知道,囚徒困境对于博弈双方都是得不偿失的。你可能要问,有办法避免它吗?

让我们再来分析一下8.3.1小节中提到的甲乙两个犯罪嫌疑人单独受审的案例。假如甲乙都是某个盗窃团伙的成员,这个团伙有一个规定,如果成员在警方审问中招供,他们将面临团伙中其他成员的追杀。在这种情况下,甲乙二人会怎么做?

实际上,这两个人所面临的可能结果已经改变,我们用表8.10表示。

表8.10　甲乙二人的可能结果

甲的策略	乙的策略	
	合作(沉默)	背叛(招供)
合作(沉默)	甲:判刑一年 乙:判刑一年	甲:判刑十年 乙:不判刑,被追杀
背叛(招供)	甲:不判刑,被追杀 乙:判刑十年	甲:判刑八年,被追杀 乙:判刑八年,被追杀

由于遭到追杀的死亡率非常高,因此我们用"−100"表示遭到追杀的收益。事实上,这样的设定是符合情理的,因为从某种意义上来说,死亡相当于剥夺了一个人所有的自由,而一个成年人所剩余的寿命一定是小于100年的。这样,我们利用表8.10,可以得出甲乙二人的收益,如表8.11所示。

表8.11　甲乙二人的收益

甲的策略	乙的策略	
	合作(沉默)	背叛(招供)
合作(沉默)	($\underline{-1}$, −1)	($\underline{-10}$, −100)
背叛(招供)	($\underline{-100}$, −10)	($\underline{-108}$, −108)

利用类似于表8.8的方法,我们把表8.11中每个括号中逗号前面的带下划线的数字写出来,就得到甲的收益矩阵为 $\begin{bmatrix} -1 & -10 \\ -100 & -108 \end{bmatrix}$;把每个括号中逗号后面的数字写出来,就得到乙的收益矩阵为 $\begin{bmatrix} -1 & -100 \\ -10 & -108 \end{bmatrix}$。我们发现,对于甲来说,无论乙如何选择,合作都是最好的选择;而对于乙来说,情况也是一样的。此时,博弈的纳什均衡为甲乙二人都选择合作。

从这个例子我们可以看出,要避免囚徒困境的产生,就要改变参与者的收益情况。

另外,还有研究表明,如果这个博弈是重复多次进行的,一旦有一方在某次博弈中选择背叛,则另一方在未来的博弈中永远选择背叛。那么,博弈双方的选择可能会有所改变。这一结论和我们生活中遇到的某些现象也是符合的,对于长期共同工作或生活的人,人们总是会体现出更好的合作精神,除培养出默契感的因素外,还有一个重要因素是长期合作的情况下,收益是持续发生的,因此不能过于计较眼前的得失。

8.4　一个"双赢"的博弈——雪堆博弈

8.4.1　什么是雪堆博弈?

囚徒博弈是双输的博弈,你一定好奇,还有没有双赢的博弈呢? 有,而且不少。我们来举一个例子——雪堆博弈。

在一个风雪交加的夜晚,张三要开车从城东的办公室回城西的家,李四要开车从城西的办公室回城东的家,他们相向而行。但不巧的是,路中央有一个大雪堆,阻挡了他们回家的路。很快他们就在雪堆的两侧相遇了。由于这个地方常年下雪,所以张三和李四的车上都备有雪铲。他们二人通过喊话,知道雪堆的另一端也有一个有家不能回的人。此时,他们二人都有两个选择:铲雪清除障碍后回家,或者原路返回办公室。在他们各自的家中,有可口的饭菜、热腾腾的洗澡水等着他们。而返回办公室,只能吃一桶泡面,将就一晚上。然而,铲雪需要付出劳动。张三和李四会怎样选择呢?是铲雪回家,还是原路返回?

与田忌赛马问题一样,我们也可以用矩阵来分析这个博弈。为了简化问题,我们假设张三和李四铲雪的效率一样高,并且如果他们合作铲雪,不存在有人故意偷懒放慢铲雪速度的情况。也就是说,如果他们二人都决定铲雪,则各铲一半的雪。

表8.12和表8.13分别表示张三和李四所面临的所有可能后果。

表8.12　雪堆博弈中张三的收益

李四的策略	张三的策略	
	铲雪	不铲雪
铲雪	铲一半的雪,顺利回家	顺利回家
不铲雪	铲全部的雪,顺利回家	回不了家,只好返回办公室将就

表8.13　雪堆博弈中李四的收益

李四的策略	张三的策略	
	铲雪	不铲雪
铲雪	铲一半的雪,顺利回家	铲全部的雪,顺利回家
不铲雪	顺利回家	回不了家,只好返回办公室将就

你可能也发现了,这个例子与田忌赛马、囚徒博弈不同,这个博弈的结果不能直接用数字来表示。所以,我们分析的第一步,是用字母表示每个人的付出和收获。因为张三和李四现在都饥寒交迫,而家中都有可口的饭菜、热腾腾的洗澡水,所以我们假设这两个人回家所获得的收益是一样的,我们用 b 表示这个收益,并且用 c 表示清除这堆雪所需要付出的总代价。如果他们都不愿意铲雪,则只好返回办公室,既没有付出也没有收获,我们就认为他们的最终收益是0。这样,表8.12和表8.13就写成表8.14和表8.15。

表8.14　雪堆博弈中张三的收益

李四的策略	张三的策略	
	铲雪	不铲雪
铲雪	$b-\dfrac{c}{2}$	b
不铲雪	$b-c$	0

表8.15　雪堆博弈中李四的收益

李四的策略	张三的策略	
	铲雪	不铲雪
铲雪	$b - \dfrac{c}{2}$	$b - c$
不铲雪	b	0

我们把表8.14写成矩阵的形式,就得到张三的收益矩阵为 $\begin{bmatrix} b - \dfrac{c}{2} & b \\ b - c & 0 \end{bmatrix}$;把表8.15写成矩阵的形

式,就得到李四的收益矩阵为 $\begin{bmatrix} b - \dfrac{c}{2} & b - c \\ b & 0 \end{bmatrix}$。把两个人的收益加起来,得到这个博弈中张三和李四

的总收益,如表8.16所示。

表8.16　雪堆博弈中张三和李四的总收益

李四的策略	张三的策略	
	铲雪	不铲雪
铲雪	$2b - c$	$2b - c$
不铲雪	$2b - c$	0

把表8.16写成矩阵 $\begin{bmatrix} 2b - c & 2b - c \\ 2b - c & 0 \end{bmatrix}$,我们就得到,只要 $2b - c \neq 0$,表8.16中的数据就不全是0,也

就是说,总收益矩阵不是零矩阵。换句话说,当 $b \neq \dfrac{c}{2}$ 时,雪堆博弈就不是零和博弈。并且我们还发

现,只要 $b > \dfrac{c}{2}$,表8.16中只有一个格子的数值等于0,其他都是大于0的。这就说明,当 $b > \dfrac{c}{2}$ 时:

(1)只有当两个人都选择不铲雪,总收益才等于0。

(2)当至少一个人选择铲雪,总收益就是大于0的。

这说明,只要有人选择铲雪,两个人的总收益就是大于0的。我们再往更大的社会影响层面考虑,这堆雪被清除了,对后面路过这里的人也创造了便利。这说明,合作是可以增加社会总收益的。

现在让我们分析一下,张三和李四到底该不该铲雪?

8.4.2　什么时候不铲雪?

首先,我们假设这是一个巨大的雪堆,也就是说,$b < c$。此时,我们考虑到李四的决策会影响张三的决策。所以,我们来分析下面两种情况。

(1)假设李四选择铲雪,那么张三的最佳策略是什么呢? 如果张三选择铲雪,那么他的收益是 $b - \dfrac{c}{2}$;如果张三选择不铲雪,那么他的收益是 b。因为 $b > b - \dfrac{c}{2}$,显然张三选择不铲雪可以获得更大

的收益。因此,当李四选择铲雪时,张三的最佳策略是选择不铲雪。

(2)假设李四选择不铲雪,那么张三的最佳策略是什么呢? 如果张三选择铲雪,那么他的收益是 $b - c$;如果张三选择不铲雪,那么他的收益是0。因为 $b - c < 0$,显然张三选择不铲雪可以获得更大的收益。因此,当李四选择不铲雪时,张三的最佳策略是选择不铲雪。

综上所述,我们发现,当铲雪任务巨大,即当铲雪带来的好处 b 小于铲雪所要花费的总代价 c 时,无论李四怎样选择,张三都会选择不铲雪。同样地,对于李四来说,不管张三如何选择,李四也都会选择不铲雪。因此,这个博弈的最终结果就是两个人都选择不铲雪。

让我们再进一步分析一下张三和李四都选择不铲雪的情况。对于张三来说,假设李四不改变自己的决策,继续选择不铲雪,那么张三能不能通过改变策略获得更好的收益呢? 不行,因为改变策略为铲雪,他的收益 $b - c$ 是小于当前的收益0的。另一方面,对于李四来说,假设张三不改变自己的不铲雪策略,李四同样不能通过改变策略为铲雪而获得更好的收益。此时,两个人都选择不铲雪的策略构成了一个纳什均衡策略对。

请你从两个收益矩阵的角度来验证一下这个结论吧!

8.4.3　什么时候铲雪?

现在,我们假设这个雪堆不太大,只需要两个人合作花费一个小时就可以清除,也就是说,$b > c$。按照和前面类似的思路,对于张三来说,我们按照下面两种情况分析。

(1)假设李四选择铲雪。类似前面的分析,我们知道张三的最佳策略是选择不铲雪。

(2)假设李四选择不铲雪。如果张三选择铲雪,那么他的收益是 $b - c$;如果张三选择不铲雪,那么他的收益是0。因为 $b - c > 0$,显然张三选择铲雪可以获得更大的收益。因此,当李四选择不铲雪时,张三的最佳策略是选择铲雪。

根据前面的定义,如果双方都选择不铲雪,此时张三的收益和李四的收益都是0。在李四不改变其策略的前提下,张三只要改变策略选择铲雪,他的收益就从0增加到 $b - c$。因此,(不铲雪,不铲雪)这个策略对不是纯策略纳什均衡的。如果你验证一下其他三个策略对,你会发现,在 $b > c$ 的情况下,所有的策略对都不满足纯策略纳什均衡的定义。也就是说,此时雪堆博弈不存在纯策略纳什均衡。

此时,不管是张三还是李四,在不知道对手的决策的情况下,都不能确定哪个策略对自己最好。那么,这个博弈的结果是什么呢? 由于存在不确定性,我们引入概率论来分析这个问题。我们假设张三选择铲雪的概率是 p,李四选择铲雪的概率是 q。利用概率论中有关期望的知识,并结合矩阵乘法,我们可以得到,张三的期望收益可以表示为矩阵乘法

$$
\begin{bmatrix} p & 1-p \end{bmatrix} \begin{bmatrix} b - \dfrac{c}{2} & b \\ b - c & 0 \end{bmatrix} \begin{bmatrix} q \\ 1 - q \end{bmatrix}
$$

而李四的期望收益可以表示为矩阵乘法

$$[p \quad 1-p] \begin{bmatrix} b-\dfrac{c}{2} & b-c \\ b & 0 \end{bmatrix} \begin{bmatrix} q \\ 1-q \end{bmatrix}$$

利用约翰·纳什证明的结论,我们可以得到这样一个结论:张三和李四都有一个铲雪的最佳概率。也就是说,张三和李四每次会用"抓阄"的方式选择铲雪。如果经过计算,这个张三铲雪的最佳概率为0.32,那么每一次张三应该准备一个装有100个相同大小、质量、质感的球,其中32个白色球,68个黑色球。然后张三把这100个球放到一个箱子里,不看颜色的情况下,从这100个球中拿取一个,如果球是白色的,就选择铲雪;如果球是黑色的,就选择不铲雪。你可能会疑惑,"最佳概率"的意思是什么呢? 实际上,这里"最佳"指的是如果这个博弈能够多次、重复地开展,那么张三选择铲雪的次数大约占总游戏次数的32%,这样他的平均收益是最好的。

需要提醒你注意的是,这个结论有一个假设前提:博弈的参与者都是"完美的理性人",而现实情况可能比这个结论更加复杂。在现实世界中,人都是感性和理性共存的,"完美的理性人"是几乎不存在的。有的人在遇到雪堆博弈的情况时,更倾向于合作(也就是铲雪),而有的人更倾向于不合作(也就是不铲雪)。更有甚者,人们遇到不同的对手,会有不同的选择。人们都需要为自己的每一次决策负责,一个经常倾向于不合作的人,在人群中是不受欢迎的。这也就导致当合作能够带来更大的利益时,这样的人很难找到合作伙伴。而面对不合作的博弈对手,选择合作,留下一个乐于合作的"好名声",会带来持续的收益。日本著名企业家稻盛和夫曾经说,他所有的成功之道都抵不过八个字:敬天爱人,利他之心。我们从本小节的分析中所应该领悟到的,也正是这个道理。

8.4.4　历史故事中的"雪堆博弈"

我们在现实生活中常常会遇到雪堆博弈。《韩非子·内储说上》记载的寓言故事《滥竽充数》,就是一个典型的多人雪堆博弈的例子。故事是这样的:

战国时期的齐国国君齐宣王喜欢听乐师吹竽。由于齐宣王觉得只有众人合奏的大场面才能显示一国之君的威严和排场,所以他有300个善于吹竽的宫廷乐师。每次听竽时,齐宣王必定命令这300个人合奏给他听。

南郭先生听说齐宣王喜欢听合奏,就灵机一动,到齐宣王面前自吹自擂:"大王啊,我非常善于吹奏竽,听我演奏过的人无不交口称赞,我愿把我的绝技献给大王。"齐宣王听了他的话,非常高兴地把他招募为宫廷乐师。于是,南郭先生也享受着宫廷乐师的优厚待遇,极为得意。

其实,南郭先生根本就不会吹竽。每逢演奏时,他就捧着竽混在队伍中,装模作样。但是,由于齐宣王每次都是听合奏,南郭先生竟然都能蒙混过关,不劳而获地白拿丰厚的薪水。

过了几年,喜欢听合奏的齐宣王死了,他的儿子齐湣王继承了王位。齐湣王也爱听吹竽,但他喜欢听独奏。于是,齐湣王命令所有的宫廷乐师轮流为他吹竽。这下南郭先生着急了,他再也混不过去了,只好连夜收拾行李逃走了。

在这个故事中,为什么在齐宣王时代,南郭先生每次都能蒙混过关呢? 因为300个人的大合奏,假装吹奏很难被发现。学过了雪堆博弈,我们知道这本质上是一个多人雪堆博弈。合奏出美妙的音乐,就是这个博弈中所有人的共同任务。任务完成,每个人都可以得到齐宣王的奖赏;任务完不成,可能就要被齐宣王驱逐甚至承受刑罚。因此,除了不会吹竽的南郭先生,其他乐师都会尽力吹奏。而由于其他人都会选择合作(也就是努力吹奏),所以南郭先生一个人装模作样,选择背叛(也就是不吹奏),任务还是能够完成,而南郭先生就会不劳而获,享受任务完成的奖赏。

现在请你想一想,如果这支宫廷乐队中有 290 个人都是和南郭先生一样不学无术、滥竽充数的人,只有 10 个人是有真才实学的人,故事的结局会怎么样呢?

其实生活中,类似的例子还有很多,请你也试着从你身边的事情中找出一个雪堆博弈的例子。

8.5 为什么俗话说"久赌必输"?

在 8.1 节,我们曾经提出一个问题:这个世界上哪里的零和博弈最多? 答案是赌场。赌场上有赢钱的,就有输钱的,并且赢家赢钱的总数等于输家输钱的总数。所以,赌博游戏都是零和博弈。

通常我们把开赌场的叫作庄家,来赌场参与赌博的其他人叫作赌客。实际上,"久赌必输"这句话是对赌客而言的。对庄家来说,开赌场是一本万利的生意。

从经济学的角度来说,由于赌博游戏是零和博弈,所以赌博生意并不增加社会财富的总量,仅仅是重新分配了一部分社会财富。从表面上看,这种重新分配带有非常强的随机性。但实际上,赌场经营的各种赌博游戏,都是庄家赢的概率略大于赌客赢的概率。因此,长期参与赌博游戏,财富基本上都聚集到了赌场老板手里,而赌客常常输得倾家荡产。因此,世界上绝大多数国家的法律是全面禁止赌博的。

8.5.1 一个"看上去公平"的简单模型

在本小节中,我们假设一个赌博游戏是绝对公平的,也就是说,赌徒在一次游戏中"输"和"赢"的概率各一半。然后我们在这个绝对公平的假设下,来分析赌客连续参与赌博游戏的输赢情况。

我们首先来看一个简单的模型。有一个赌客甲,他带着 2 元本金参与一个输赢的概率各 $\frac{1}{2}$ 的赌博游戏。假设这个赌博游戏的规则非常简单:输则参与者的本金减少 1 元,赢则参与者的本金增加 1 元。假设甲并不是一个贪心的赌徒,他给自己定下的规矩是:输光本金即离场,或者本金满 4 元就离场。

因此,我们可以得到,假设这一时刻他的本金为 2 元,那么下一次赌博中,他赢 1 元,本金为 3 元的概率为 $\frac{1}{2}$。于是,在图 8.1 中,我们从包含了 2 的圆圈出发,画一个箭头指向包含 3 的圆圈,并在这个箭头上写上对应的概率 $\frac{1}{2}$。类似地，我们可以计算出每种可能的本金下，下一时刻他的本金和对应的概率，就得到了图8.1。

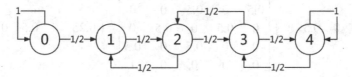

图8.1　某时刻本金的所有可能情况及下一时刻的本金的变动和对应的概率

在第7章中，我们介绍过一个概念叫作"转移概率矩阵"，我们再次利用这个概念来预测甲在未来的本金情况。利用图8.1，我们得到表8.17。

表8.17　赌徒甲在一局赌博前后本金变化情况的转移概率

赌博前本金	赌博后本金				
	0元	1元	2元	3元	4元
0元	1	0	0	0	0
1元	0.5	0	0.5	0	0
2元	0	0.5	0	0.5	0
3元	0	0	0.5	0	0.5
4元	0	0	0	0	1

从表8.17中我们可以得到，本金的各种可能情况之间的转移概率矩阵为

$$\begin{bmatrix} 1 & 0 & 0 & 0 & 0 \\ 0.5 & 0 & 0.5 & 0 & 0 \\ 0 & 0.5 & 0 & 0.5 & 0 \\ 0 & 0 & 0.5 & 0 & 0.5 \\ 0 & 0 & 0 & 0 & 1 \end{bmatrix}$$

由于我们已经知道初始时刻，甲的本金为2元，因此初始时刻他的本金的概率分布可以表示为表8.18或向量$[0\ 0\ 1\ 0\ 0]$。

表8.18　赌徒甲在初始时刻的本金的概率分布

初始时刻的本金	0元	1元	2元	3元	4元
概率	0	0	1	0	0

根据相关理论，我们可以利用矩阵乘法

$$[0\ 0\ 1\ 0\ 0]\begin{bmatrix} 1 & 0 & 0 & 0 & 0 \\ 0.5 & 0 & 0.5 & 0 & 0 \\ 0 & 0.5 & 0 & 0.5 & 0 \\ 0 & 0 & 0.5 & 0 & 0.5 \\ 0 & 0 & 0 & 0 & 1 \end{bmatrix} = [0\ 0.5\ 0\ 0.5\ 0]$$

计算第一局赌博后(我们称为时刻1),本金的各种可能金额对应的概率。我们把计算结果写到表8.19的第二行数据中。用同样的思路,我们可以用矩阵乘法

$$[\ 0\quad 0.5\quad 0\quad 0.5\quad 0\ ] \begin{bmatrix} 1 & 0 & 0 & 0 & 0 \\ 0.5 & 0 & 0.5 & 0 & 0 \\ 0 & 0.5 & 0 & 0.5 & 0 \\ 0 & 0 & 0.5 & 0 & 0.5 \\ 0 & 0 & 0 & 0 & 1 \end{bmatrix} = [\ 0.25\quad 0\quad 0.5\quad 0\quad 0.25\ ]$$

计算第二局赌博后(也就是时刻2),本金的概率分布。我们把计算结果写到表8.19的第三行数据中。以此类推,我们可以计算每一局赌博后,甲所拥有的本金情况。

表8.19 赌徒甲在第 i 局赌博后本金的概率分布

时刻 i	时刻 i 时的本金				
	0元	1元	2元	3元	4元
时刻 1	0	0.5	0	0.5	0
时刻 2	0.25	0	0.5	0	0.25
时刻 3	0.25	0.25	0	0.25	0.25
…	…	…	…	…	…
时刻 10	0.4844	0	0.0312	0	0.4844
…	…	…	…	…	…
时刻 50	0.5	0	0	0	0.5

你会发现,到了时刻50,甲的本金情况只有两种可能:输光或最初的本金翻倍,而且两种可能的概率都是50%。看起来,这似乎是一个公平的博弈。但是,我们在这个计算中,有两个不合理的假设。

第一个假设,每一局赌博输和赢的概率都是50%。然而现实中并不是这样,赌博游戏由赌场制定并提供给玩家,赌场拥有制定赌博规则的权力。因此,对赌徒来说,赢的概率往往略小于输的概率。这种微小的差异,一般的赌徒凭直觉很难发现。也就是说,在赌徒看来,公平的赌博游戏其实是不公平的。

第二个假设,赌徒甲是一个"见好就收"型的博弈参与者,当本金翻倍时,他会选择停止赌博游戏。然而现实正好相反,大多数赌徒在面对赢钱的局面时,不但不会停止赌博游戏,反而会加大赌注。因为他们总觉得此时幸运之神站在自己这一边,必须抓住机会"以小博大",实现"一夜暴富"的财富神话。

赌场正是凭着一点微弱的赢面,利用赌徒们"以小博大""一夜暴富"的投机心理,赢走了赌客的钱,制造了一个又一个因为赌博而家破人亡的悲惨故事。

接下来,我们利用矩阵理论,给出更令人信服的分析。

8.5.2 一个贪心的赌徒

现在,我们来改变8.5.1小节中的第二个假设,来看看一个贪心的赌徒,面对输赢概率各50%的

"公平"赌博,会有什么样的结果。

假设赌徒乙是一个比较贪心的赌徒,他的初始本金为1元,当本金翻4倍达到4元时,他才愿意离场。那么,他最后输光本金的概率是多少呢?

由于他面对的是输赢各半的赌博,并且同样是本金达到4元即离场,所以他面临的本金的转移概率为表8.17。而他的初始本金为1元,也就是他的初始本金的概率分布为表8.20。

表8.20　赌徒乙在开始赌博前本金的概率分布

本金	0元	1元	2元	3元	4元
概率	0	1	0	0	0

利用与8.5.1小节类似的分析过程,我们可以计算出50局赌博后乙本金的概率分布情况,计算结果在表8.21中表示。

表8.21　赌徒乙在50局赌博后本金的概率分布

本金	0元	1元	2元	3元	4元
概率	0.75	0	0	0	0.25

从表8.21中可以看出,乙输光本金的概率是0.75,而他本金翻4倍的概率只有0.25。

接下来,我们看看如果乙更加贪心一些,情况会怎么样。我们假设乙的初始本金依然是1元,但他只有本金翻10倍(也就是本金达到10元)才愿意离场,那么到了时刻50,他输光本金的概率是多少呢?我们首先列出每一次赌博前和赌博后他的本金变化情况的转移概率,如表8.22所示。经过类似8.5.1小节的分析和计算过程,他输光本金的概率约为88%!

表8.22　赌徒乙在一局赌博前后本金变化情况的转移概率

赌博前本金	赌博后本金										
	0元	1元	2元	3元	4元	5元	6元	7元	8元	9元	10元
0元	1	0	0	0	0	0	0	0	0	0	0
1元	0.5	0	0.5	0	0	0	0	0	0	0	0
2元	0	0.5	0	0.5	0	0	0	0	0	0	0
3元	0	0	0.5	0	0.5	0	0	0	0	0	0
4元	0	0	0	0.5	0	0.5	0	0	0	0	0
5元	0	0	0	0	0.5	0	0.5	0	0	0	0
6元	0	0	0	0	0	0.5	0	0.5	0	0	0
7元	0	0	0	0	0	0	0.5	0	0.5	0	0
8元	0	0	0	0	0	0	0	0.5	0	0.5	0
9元	0	0	0	0	0	0	0	0	0.5	0	0.5
10元	0	0	0	0	0	0	0	0	0	0	1

利用概率论和矩阵的相关知识,我们可以证明,如果乙是更加贪得无厌的赌徒,只要本金没有输光,他绝不下赌桌,那么他输光本金的概率是1。也就是说,他一定会输得倾家荡产!

如果乙参与的是现实中的赌博游戏,那么他每一局赌博中赢钱的概率都要略小于输钱的概率,也就意味着他输光本金的时间只会更短。

8.5.3 赌博的潜在不公:庄家的赢面稍大一些

我们已经知道,赌场拥有设计赌博游戏的权力。因此,在赌博游戏中,庄家的赢面一般都略大一些。现在我们假设,某个赌博游戏中,赌徒赢钱的概率为0.49,赌徒输钱的概率为0.51。也许你觉得这个差异小到可以忽略不计,真的是这样吗? 我们算算就知道了。

假设此时,赌徒甲并没有改变自己参与赌博的原则,那就是以2元本金开始参与赌博,当本金为4元或0元时离场。此时,甲的本金的转移概率如表8.23所示。利用与8.5.1小节类似的分析过程,我们可以得到,在时刻50,赌徒甲破产离场的概率约为52%,本金翻倍离场的概率约为48%。

表8.23　赌徒甲在一局赌博前后本金变化情况的转移概率

赌博前本金	赌博后本金				
	0元	1元	2元	3元	4元
0元	1	0	0	0	0
1元	0.51	0	0.49	0	0
2元	0	0.51	0	0.49	0
3元	0	0	0.51	0	0.49
4元	0	0	0	0	1

你看,对于一个不那么贪心(只求本金翻倍)并且非常自律(翻倍就离场,绝不恋战)的赌徒,庄家已经占了上风。然而现实中的赌徒,输光了本金,还会选择借高利贷继续参与赌博,赢钱时更是觉得自己手气正好,绝难做到见好就收的。

请你试着用类似8.5.2小节中的分析过程,计算贪心的赌徒乙(本金1元,赢够10元才愿意离场)在这个庄家赢面稍大的赌博游戏中,破产离场的概率是多少。

如果你计算无误的话,他破产离场的概率高达91%! 换句话说,100个这样的赌徒中,大约有91个都以破产收场。

现在,你还相信一个人可以通过赌博致富吗?